公安食药侦民警实用技术手册

常见涉案植物识别图鉴

南程慧　薛晓明◎编

图书在版编目（CIP）数据

常见涉案植物识别图鉴 / 南程慧, 薛晓明编. —— 北
京 : 中国林业出版社 , 2023.12

（公安食药侦民警实用技术手册）

ISBN 978–7–5219–2388–9

Ⅰ . ①常… Ⅱ . ①南… ②薛… Ⅲ . ①植物 – 图集
Ⅳ . ① Q94–64

中国国家版本馆 CIP 数据核字 (2023) 第 195081 号

策划编辑：杜　娟
责任编辑：杜　娟

出版发行　中国林业出版社
　　　　　（100009，北京市西城区刘海胡同7号，电话：83223120）
电子邮箱：cfphzbs@163.com
网　　址：www.forestry.gov.cn/lycb. html
印　　刷：北京中科印刷有限公司
版　　次：2023 年12月第1版
印　　次：2023 年12月第1次印刷
开　　本：787mm×1092mm　1/16
印　　张：14.5
字　　数：370千字
定　　价：198.00元

前　言

　　植物资源是珍贵的可再生自然资源，是生态平衡和绿水青山的基础，在国家生态安全中占有重要的战略地位。依法打击危害国家重点保护植物、盗伐和滥伐等违法、犯罪行为，保护我国的植物资源、守护生物多样性，服务国家生态文明建设，是新时代公安食药侦部门和林业行政主管部门肩负的神圣职责。在打击违法和犯罪过程中，涉案植物的物种识别与鉴定在确定案件性质、提供法庭证据等方面具有关键作用。

　　为有力服务森林草原领域的执法工作，不断提高公安食药侦民警等一线执法人员的专业技术水平，在公安部食品药品犯罪侦查局的指导下，南京警察学院组织成立"公安食药侦民警实用技术手册编写工作组"，编写了《常见涉案植物识别图鉴》，将其作为保护植物资源、维护生态安全、打击涉植物犯罪的专业书籍。

　　本书共收录各类常见涉案植物 148 种（含变种等），其中国家重点保护野生植物 75 种，毒品原植物 5 种，CITES 公约附录植物 20 种，其他常见涉案植物 48 种。为便于执法办案，植物名称按照《国家重点保护野生植物名录》（2021）和 "*Flora of China*"【《中国植物志》（英文版）】各卷名录等新近出版志书进行修订和校正。各大类群植物排列系统参考依据为蕨类植物按照 PT1.0（Journal of Systematics and Evolution，2016）、裸子植物按照 Christenhusz（2011）、被子植物依 APG Ⅳ进行排列。学名系统（尤其是属的概念）主要参考 "*Flora of China*"；中文名主要参考《中国植物志》。

　　在编写本书过程中，中国科学院西双版纳热带植物园黄健、朱仁斌、张亚洲分别提供了节花蚬木、草麻黄、水母雪兔子的彩色照片，武汉大学杜巍提供了德保苏铁、湖北梣、独花兰、红豆树、扇脉杓兰的彩色照片，江西马头山国家级自然保护区管理局熊宇提供了伯乐树、华重楼的彩色照片，云南白马雪山国家级自然保护区管理局提布提供了川滇雪兔子、羽裂雪兔子的彩色照片，新疆林业科学院张浩提供了雪莲花的彩色照片，中国植物图像库魏泽提供了草麻黄的部分彩色照片，谨此一并致谢。同时，江苏省高校打击生态环境犯罪物证技术创新团队、江苏高校"青蓝工程"物证技术优秀教学团队和生态环境法治研究中心、食品药品犯罪研究中心等科研团队为本书提供了宝贵的指导性意见。

本书的出版获得南京警察学院"本科规划教材建设项目"资助，适用于食品药品环境犯罪侦查技术、植物保护等相关专业的本科生和研究生教学，可作为公安食药侦、海关缉私民警和从事植物保护工作的相关人员的培训教材或参考书。

因编者水平有限，本书难免有不当之处，敬请读者批评指正。

《公安食药侦民警实用技术手册》编写工作组

2023 年 6 月

目　录

前言

第一部分　国家重点保护野生植物

福建观音座莲	2	华南五针松	47	独花兰	81
金毛狗	4	厚朴	48	台湾独蒜兰	82
桫椤	6	鹅掌楸	50	六角莲	84
鹿角蕨	8	宝华玉兰	52	银缕梅	86
苏铁	10	夏蜡梅	54	锁阳	88
德保苏铁	12	闽楠	56	降香	89
石山苏铁	14	浙江楠	58	土沉香	91
银杏	16	楠木	60	花榈木	92
罗汉松	18	天竺桂	62	红豆树	94
百日青	20	舟山新木姜子	63	格木	96
福建柏	22	华重楼	64	大叶榉树	98
水松	24	狭叶重楼	65	金豆	100
水杉	26	荞麦叶大百合	66	黄檗	101
崖柏	28	浙贝母	67	红椿	102
穗花杉	29	蕙兰	68	蚬木	104
篦子三尖杉	30	春兰	70	望天树	106
红豆杉	32	杏黄兜兰	72	伯乐树	108
南方红豆杉	34	麻栗坡兜兰	73	珙桐	110
榧树	36	硬叶兜兰	74	杜鹃叶山茶	112
银杉	38	扇脉杓兰	75	金花茶	113
江南油杉	40	铁皮石斛	76	秤锤树	114
黄枝油杉	42	重唇石斛	77	兴安杜鹃	116
大果青扦	43	鼓槌石斛	78	肉苁蓉	117
金钱松	44	兜唇石斛	79	雪莲花	118
华东黄杉	46	白及	80	水母雪兔子	119

第二部分　毒品原植物

罂粟	/ 122	古柯 / 127	草麻黄 / 130
大麻	/ 125	恰特草 / 128	

第三部分　CITES 公约附录植物

笹之雪 / 134	黑牡丹 / 144	菊水 / 152
姬乱雪 / 136	岩牡丹 / 145	白斜子 / 153
非洲霸王树 / 137	三角牡丹 / 146	习志野 / 154
酒瓶兰 / 138	蔷薇丸 / 147	铁甲球 / 155
龟甲牡丹 / 139	乌羽玉 / 148	檀香紫檀 / 156
欣顿龟甲牡丹 / 140	巨鹫玉 / 150	兜兰属 / 158
龙舌兰牡丹 / 142	帝冠 / 151	

第四部分　其他常见涉案植物

卷柏 / 160	黄杨 / 189	瓶兰花 / 205
狗脊 / 161	檵木 / 190	老鸦柿 / 206
槲蕨 / 162	牡丹 / 191	小果柿 / 207
日本五针松 / 164	雀梅藤 / 192	迷人杜鹃 / 208
黑松 / 166	朴树 / 193	刺毛杜鹃 / 209
马尾松 / 168	青檀 / 194	马缨杜鹃 / 210
油松 / 170	椤木石楠 / 195	满山红 / 211
白皮松 / 172	梅 / 196	羊踯躅 / 212
柏木 / 174	小果蔷薇 / 197	马银花 / 213
刺柏 / 176	榔榆 / 198	杜鹃花 / 214
侧柏 / 178	紫藤 / 199	木犀榄 / 216
杉木 / 180	赤楠 / 200	湖北梣 / 217
粗榧 / 182	南紫薇 / 201	流苏树 / 218
曼地亚红豆杉 / 184	黄连木 / 202	小叶女贞 / 220
樟 / 186	鸡爪槭 / 203	川滇雪兔子 / 221
红楠 / 188	羽毛槭 / 204	羽裂雪兔子 / 222

第一部分

国家重点保护野生植物

国家重点保护野生植物一般指《国家重点保护野生植物名录》（下称《名录》）中所列野生植物。我国是野生植物种类最丰富的国家之一，仅高等植物就达3.6万余种，其中特有种有1.5万至1.8万种，占我国高等植物总数近50%，如银杉、珙桐、百山祖冷杉、华盖木等均为我国特有的珍稀濒危野生植物。自1999年《名录》发布以来，我国野生植物保护形势发生了很大变化，部分濒危野生植物得到有效保护，濒危程度得以缓解。部分野生植物因生境破坏、过度利用等原因，濒危程度加剧。因此，对《名录》进行科学调整十分必要，且极为迫切。2018年，党和国家机构改革后，国家林业和草原局、农业农村部启动了《名录》修订工作。通过广泛收集资源数据，在原《名录》和20多年我国野生植物资源研究及保护成果的基础上，经各领域专家反复研究讨论，两部门多次联合召开研讨和论证会，遴选出一份涵盖我国当前重要且濒危的野生植物保护名录，形成最终《名录》调整方案报审稿。

2021年9月7日，经国务院批准，调整后的《国家重点保护野生植物名录》正式向社会发布。1999年8月4日颁布的《国家重点保护野生植物名录》（第一批）废止。新调整的《名录》共列入国家重点保护野生植物455种和40类，包括国家一级重点保护野生植物54种和4类，国家二级重点保护野生植物401种和36类。其中，由林业和草原主管部门分工管理的324种和25类，由农业农村主管部门分工管理的131种和15类。

本章节以调整后的《国家重点保护野生植物名录》为依据，重点介绍了危害国家重点保护植物案等案件中常见的涉案植物，以期为办案机关识别常涉案国家重点保护植物，打击犯罪提供依据。

福建观音座莲（*Angiopteris fokiensis*）

合囊蕨科（Marattiaceae）观音座莲属（*Angiopteris*）

植株

保护现状：国家二级重点保护野生植物。

形态特征：植株高大，高1.5m以上。根状茎块状，直立，下面簇生有圆柱状的粗根。叶柄基部具肉质托叶状附属物，下部具线状披针形鳞片，向上有瘤状突起；叶片宽卵形；羽片5～10对，长50～80cm，宽14～25cm，窄长圆形，具长柄，奇数一回羽状；小羽片20～40对，披针形，基部近平截形，顶部略弯，下部的短小，顶生小羽片分离，有柄，与下部的同形，具三角形锯齿；叶草质或纸质，干后绿色，两面光滑。孢子囊群褐色，线形或长圆形，长1～5mm，距叶缘约1mm，由12～16个孢子囊组成；孢子囊群长圆形，具8～10个孢子囊；孢子周壁薄，具小瘤状纹饰。

分布：产于福建、湖北、贵州、广东、广西、香港。生于林下溪沟边。

应用价值：植株高大，株形美观，为奇特的观叶植物，可在荫蔽的水岸边、山石边或墙垣边孤植或群植欣赏。块茎可取淀粉，曾为山区一种食粮的来源。

涉案类型：常见于危害国家重点保护植物罪。

幼叶

叶片

涉案盆栽

涉案盆栽

孢子囊

根状茎

金毛狗（*Cibotium barometz*）

金毛狗科（Cibotiaceae）金毛狗属（*Cibotium*）

涉案盆栽

保护现状：国家二级重点保护野生植物。

形态特征：根茎卧生，粗大，顶端生一丛大叶；叶柄棕褐色，基部被大丛垫状金黄色茸毛，长超过10cm，有光泽，上部光滑；叶片长达1.8m，宽约相等，宽卵状三角形，三回羽状分裂；下部羽片长圆形，长达80cm，宽20～30cm，柄长3～4cm，互生，远离；一回小羽片长约15cm，宽约2.5cm，小柄长2～3mm，线状披针形，羽状深裂几达小羽轴；末回裂片线形略镰刀状，长1～1.4cm，宽约3mm，有浅锯齿；中脉两面突出，侧脉两面隆起，斜出，单一，不育羽片上分叉；叶几革质或厚纸质，干后正面褐色，有光泽，背面灰白或灰蓝色，两面光滑，或小羽轴正背两面略有短褐毛疏生。孢子囊群在每一末回能育裂片1～5对，生于下部的小脉顶端，囊群盖坚硬，棕褐色，横长圆形，两瓣状，内瓣较外瓣小，成熟时张开如蚌壳，露出孢子囊群。

分布：产于云南、贵州、四川南部、广东、广西、福建、台湾、海南、浙江、江西和湖南南部。生于山麓沟边及林下阴处酸性土上。

应用价值：可作为强壮剂，根状茎顶端的长软毛可作为止血剂和填充物，也可栽培为观赏植物。

涉案类型：常见于危害国家重点保护植物罪。

根茎

涉案植株

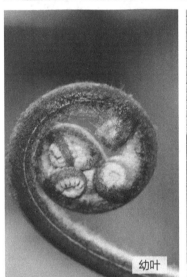

幼叶

应用

植株

孢子囊

桫椤（*Alsophila spinulosa*）

桫椤科（Cyatheaceae）桫椤属（*Alsophila*）

生境

保护现状：国家二级重点保护野生植物。

形态特征：高大木本蕨类。茎干高达 6m 或更高，上部有残存叶柄，向下密被交织不定根。叶螺旋状排列于茎顶；茎端和拳卷叶及叶柄基部密被鳞片和糠秕状鳞毛，鳞片暗棕色，有光泽，窄披针形，先端褐棕色刚毛状，两侧有窄而色淡的啮齿状薄边；叶柄通常棕色或正面较淡，连同叶轴和羽轴有刺状突起，背面两侧各有 1 条不连续皮孔线，向上延至叶轴；叶片长矩圆形，三回羽状深裂，羽片 17 ~ 20 对，互生；小羽片 18 ~ 20 对，基部小羽片稍短，中部的长 9 ~ 12cm，宽 1.2 ~ 1.6cm，披针形。孢子囊群着生侧脉分叉处，囊托突起；囊群盖球形，薄膜质，外侧开裂，易破，成熟时反折覆盖中脉上面。

分布：产于福建、台湾、广东、海南、香港、广西、贵州、云南、四川、重庆、江西。生于海拔 260 ~ 1600m 的山地溪旁或疏林中。

应用价值：茎干可作为附生兰栽培苗床而受到破坏。叶片古朴淡雅，可栽培为观赏植物。

涉案类型：常见于危害国家重点保护植物罪。

茎切片

叶柄

茎干

孢子囊

涉案植株

植株

鹿角蕨（*Platycerium wallichii*）

水龙骨科（Polypodiaceae）鹿角蕨属（*Platycerium*）

鹿角蕨

保护现状： 国家二级重点保护野生植物。

形态特征： 附生；根茎肉质，短而横卧，密被鳞片，鳞片淡棕或灰白色，中间深褐色，坚硬，线形，长1cm，宽4mm；叶2列，二型；基生不育叶（腐殖叶）宿存，厚革质，下部肉质，厚达1cm，上部薄，直立，无柄，贴生于树干上，长达40cm，长宽近相等，先端截形，不整齐，3～5次叉裂，裂片近等长，圆钝或尖头，全缘，主脉两面隆起，叶脉不明显，两面疏被星状毛，初时绿色，不久枯萎，褐色；正常能育叶常成对生长，下垂，灰绿色，长25～70cm。孢子囊散生于主裂片第一次分叉的凹缺处以下，不到基部，初时绿色，后变黄色；隔丝灰白色，星状毛；孢子绿色。

分布： 产于云南西南部盈江县那邦坝。生于海拔210～950m的山地雨林中。

应用价值： 叶片形态奇特，可栽培为观赏植物。

涉案类型： 偶见于危害国家重点保护植物罪。

近缘种： 二歧鹿角蕨（*Platycerium bifurcatum*），正常能育叶片狭长；基生不育叶小；孢子囊群生于末回裂片先端；孢子不为绿色。

二歧鹿角蕨

苏铁（*Cycas revoluta*）

苏铁科（Cycadaceae）苏铁属（*Cycas*）

应用

保护现状：国家一级重点保护野生植物。

形态特征：茎干圆柱状，常在基部或下部生不定芽，有时分枝，顶端密被很厚的茸毛；干皮灰黑色，具宿存叶痕。叶 40～100 片或更多，一回羽裂，长 0.7～1.4（～1.8）m，宽 20～25（～28）cm，羽片呈"V"字形伸展；叶柄长 10～20cm，具刺 6～18 对；羽片直或近镰刀状，革质，长 10～20cm，宽 4～7mm，基部微扭曲，外侧下延，先端渐窄，具刺状尖头，背面疏被柔毛，边缘强烈反卷，中央微凹，中脉两面绿色，上面微隆起或近平坦，下面显著隆起，横切面呈"V"字形。小孢子叶球卵状圆柱形，长 30～60cm，径 8～15cm；大孢子叶长 15～24cm，密被灰黄色茸毛，种子 2～5 枚，橘红色，倒卵状或长圆状，明显压扁，长 4～5cm，疏被茸毛，中种皮光滑，两侧不具槽。

分布：产于福建东部沿海低山区及其邻近岛屿。生于山坡疏林或灌丛中，自 20 世纪 70 年代以来，因人为破坏，天然苏铁林已几乎绝迹。

应用价值：苏铁为优美的观赏树种，栽培极为普遍。茎内含淀粉，可供食用。种子含油和丰富的淀粉，微毒，可供食用和药用，可治痢疾、止咳和止血。

涉案类型：偶见于盗窃罪。

种子

幼叶

雄球花

大孢子叶

盆栽

羽片

德保苏铁（*Cycas debaoensis*）
苏铁科（Cycadaceae）苏铁属（*Cycas*）

植株

保护现状： 国家一级重点保护野生植物。

形态特征： 常绿木本植物，树干几乎生于地下，有时丛生；树干棕灰色，具鳞片状排列的宿存叶柄，基部近光滑。羽叶（3～）5～11（～15）片，三回羽状，卵形。初生小叶6～14对，小叶近对生，基部小叶与顶端小叶互生，向叶片基部和顶端逐渐变小；次生小叶3～5对，卵形至倒三角形，2裂或3叉；裂片（终生小叶）3～5，正面绿色有光泽，背面淡绿色，线形，厚纸质，无毛，中脉两面突起，基部下延，边缘平或稍波状，先端长渐狭或长渐尖；叶柄卵圆形，幼时被茸毛，后期除基部外逐渐脱落；叶柄基部以上具刺，沿叶柄正面两侧排列，每侧20～55枚，圆锥形。大孢子叶长15～20cm，不育顶片绿色，近心形或近扇形，每侧具裂片19～25，丝状，长3～6cm；胚珠4～6枚；种子3～4枚，倒卵状球形，长3～3.5cm。

分布： 产于广西西部德保县，生于海拔600～980m的向阳山坡灌丛。

应用价值： 德保苏铁保留着更多的苏铁最原始的特征。从它的分枝、分叉可以推知，距今大概已有三亿八千万年的历史了，具有较高的科学研究价值。枝叶古朴优美，可作庭园绿化树种。

涉案类型： 少数不法分子被其经济价值吸引，从山上挖来苏铁制成盆景倒卖到外地，或者把苏铁种子收来酿酒。常见于危害国家重点保护植物罪。

幼苗

幼叶

茎干

种子

涉案盆栽

大孢子叶

根

石山苏铁（*Cycas sexseminifera*）

苏铁科（Cycadaceae）苏铁属（*Cycas*）

涉案盆栽

保护现状：国家一级重点保护野生植物。

形态特征：常绿木本植物。树干矮小，基部膨大成卵状茎或盘状茎，上部逐渐缩成圆柱形或卵状圆柱形，高 30～18cm 或稍高，直径 10～60cm，叶羽状分裂，聚生于茎的顶部，全叶长 120～250cm 或更长，幼时被锈色柔毛，以后深绿色，无毛；叶柄长 40～100cm，两侧具稀疏的刺或有时无刺；羽片薄革质，披针状条形，直或微弯，长 25～33cm，宽 1.5～2.3cm，边缘稍厚，两面中脉隆起，平滑有光泽。球花单性异株；雄球花卵状圆柱形，小孢子叶楔形，密被黄色茸毛，以后脱落。雌球花由多数大孢子叶组成，大孢子叶密被红褐色茸毛，裂片条形，长 2～4cm，直径 1.8～2.5cm。胚珠 2～4 个，着生于叶柄的两侧，无毛。种子卵圆形，长 2～3cm，直径 1.8～2.5cm，顶端有尖头，种皮硬质，平滑，有光泽。

分布：分布于越南和中国。在中国产于云南、广东和广西。常生长于低海拔的石灰岩山地或石灰岩缝隙，呈团状或小片状分布。生命力极强，可在峭壁石缝或石穴中正常生长。

应用价值：石山苏铁为古老植物。球形茎富含淀粉，可作粑饼或煮粥，味美可口，营养丰富，群众称之为"神仙米"。茎如菠萝，形态奇特，生长缓慢，为盆景的主要材料，观赏价值高。根、茎、叶、花、种子均可入药，但有小毒。

涉案类型：常见于危害国家重点保护植物罪。

应用

叶柄

植株

树干

叶正面

叶背面

银杏（*Ginkgo biloba*）

银杏科（Ginkgoaceae）银杏属（Ginkgo）

植株

保护现状：国家一级重点保护野生植物。

形态特征：落叶乔木，高达 40m，胸径 4m。树皮灰褐色，纵裂。大枝斜展，1 年生长枝淡褐黄色，2 年生枝变为灰色；短枝黑灰色。叶扇形，上部宽 5～8cm，上缘有浅或深的波状缺刻，有时中部缺裂较深，基部楔形，有长柄；在短枝上 3～8 叶簇生。雄球花 4～6 生于短枝顶端叶腋或苞腋，长圆形，下垂，淡黄色；雌球花数个生于短枝叶丛中，淡绿色；球花数个生于短枝叶丛中，淡绿色。种子椭圆形、倒卵圆形或近球形，长 2～3.5cm，成熟时黄或橙黄色，被白粉，外种皮肉质有臭味，中种皮骨质，白色，有 2（～3）纵脊，内种皮膜质，黄褐色；胚乳肉质，胚绿色。

分布：仅浙江天目山有野生状态的树木。银杏的栽培区甚广：北自东北沈阳，南达广州，东起华东海拔 40～1000m 地带，西南至贵州、云南西部海拔 2000m 以下地带。朝鲜、日本、欧美各国庭园亦有栽培。

应用价值：银杏为速生珍贵的用材树种，可供建筑、家具、室内装饰、雕刻、绘图版等用。种子供食用（多食易中毒）及药用，种子的肉质外种皮含白果酸、白果醇及白果酚，有毒。叶可药用和制杀虫剂。银杏树形优美，春夏季叶色嫩绿，秋季变成黄色，颇为美观，可作庭园树及行道树。

涉案类型：偶见于盗窃罪。

未成熟种子

成熟种子

雄球花

雌球花

种子

园林应用

盆景应用

罗汉松（*Podocarpus macrophyllus*）

罗汉松科（Podocarpaceae）罗汉松属（*Podocarpus*）

植株

保护现状：国家二级重点保护野生植物。

形态特征：乔木，高达20m，胸径达60cm。树皮灰色或灰褐色，浅纵裂，成薄片状脱落。枝开展或斜展，较密。叶螺旋状着生，条状披针形，微弯，长7～12cm，宽7～10mm，先端尖，基部楔形，正面深绿色，有光泽，中脉显著隆起；背面带白色、灰绿色或淡绿色，中脉微隆起。雄球花穗状、腋生，常3～5个簇生于极短的总梗上，长3～5cm，基部有数枚三角状苞片；雌球花单生叶腋，有梗，基部有少数苞片。种子卵圆形，径约1cm，先端圆，有白粉，种托肉质圆柱形，红色或紫红色，柄长1～1.5cm。

分布：产于江苏、浙江、福建、安徽、江西、湖南、四川、云南、贵州、广西、广东等地。野生的树木极少。日本也有分布。

应用价值：材质细致均匀，易加工。可作家具、文具及农具等器具用材。栽培于庭园作观赏树。

涉案类型：偶见于盗窃罪、危害国家重点保护植物罪。

种子

种子

叶

种子

园林应用

幼苗

百日青（*Podocarpus neriifolius*）
罗汉松科（Podocarpaceae）罗汉松属（*Podocarpus*）

植株

保护现状：国家二级重点保护野生植物。

形态特征：乔木，高达25m，胸径约50cm。树皮灰褐色，薄纤维质，成片状纵裂。枝条开展或斜展。叶螺旋状着生，披针形，厚革质，常微弯，长7～15cm，宽9～13mm，上部渐窄，先端有渐尖的长尖头，萌生枝上的叶稍宽、有短尖头，基部渐窄，楔形，有短柄，正面中脉隆起，背面微隆起或近平。雄球花穗状，单生或2～3个簇生，长2.5～5cm，总梗较短，基部有多数螺旋状排列的苞片。种子卵圆形，长8～16mm，顶端圆或钝，种托肉质橙红色，梗长9～22mm。

分布：产于浙江、福建、台湾、江西、湖南、贵州、四川、西藏、云南、广西、广东等地。常在海拔400～1000m的山地与阔叶树混生成林。尼泊尔、不丹、缅甸、越南、老挝、印度尼西亚、马来西亚的沙捞越也有分布。

应用价值：木材黄褐色，纹理直，结构细密，硬度中，可作家具、乐器、文具及雕刻等用材，又可作庭园树种。

涉案类型：偶见于盗窃罪、危害国家重点保护植物罪。

园林应用

叶

未成熟种子

成熟种子

树皮

福建柏（*Fokienia hodginsii*）
柏科（Cupressaceae）福建柏属（*Fokienia*）

生境

保护现状：国家二级重点保护野生植物。

形态特征：常绿乔木，高达 17m。树皮紫褐色，平滑。生鳞叶的小枝扁平，排成一平面，2 或 3 年生枝褐色，光滑，圆柱形。鳞叶 2 对交叉对生，成节状，生于幼树或萌芽枝上的中央之叶呈楔状倒披针形，通常长 4 ~ 7mm，宽 1 ~ 1.2mm，上面之叶蓝绿色，下面之叶中脉隆起，两侧具凹陷的白色气孔带，侧面之叶对折，近长椭圆形，多少斜展，较中央之叶为长，通常长 5 ~ 10mm，宽 2 ~ 3mm，背有棱脊，先端渐尖或微急尖，通常直而斜展，稀微向内曲，背侧面具 1 凹陷的白色气孔带；生于成龄树上的叶较小，两侧叶长 2 ~ 7mm，先端稍内曲，急尖或微钝，常较中央的叶稍长或近于等长。雄球花近球形，长约 4mm。球果近球形，熟时褐色，径 2 ~ 2.5cm；种鳞顶部多角形，表面皱缩稍凹陷，中间有一小尖头突起；种子顶端尖，具 3 ~ 4 棱，长约 4mm，上有两个大小不等的翅，大翅近卵形，长约 5mm，小翅窄小，长约 1.5mm。

分布：产于浙江南部、福建、广东北部、江西、湖南南部、贵州、广西、四川及云南东南部及中部。生于温暖湿润的山地森林中，数量不多。越南北部亦有分布。

应用价值：树形优美，树干通直，适应性强，生长较快，材质优良，是中国南方一些地方的重要用材树种，也是庭园绿化的优良树种。

涉案类型：偶见于危害国家重点保护植物罪。

植株

枝叶

球果

鳞叶背面

树皮

水松（*Glyptostrobus pensilis*）

柏科（Cupressaceae）水松属（*Glyptostrobus*）

植株

保护现状：国家一级重点保护野生植物，我国特有树种。

形态特征：半常绿性乔木；高 10 ~ 25m。叶螺旋状排列，基部下延，有三种类型：鳞叶较厚，长约 2mm，在 1 ~ 3 年生主枝上贴枝生长；线形叶扁平，薄，长 1 ~ 3cm，宽 1.5 ~ 4mm，生于幼树 1 年生小枝或大树萌芽枝上，常排成 2 列；线状锥形叶，长 0.4 ~ 1.1cm，生于大树的 1 年生短枝上，辐射伸展成 3 列状；后两种叶于秋季与侧生短枝一同脱落。球果直立，倒卵状球；种鳞木质，倒卵形，背面上部边缘有 6 ~ 10 三角状尖齿，微外曲，苞鳞与种鳞几全部合生，仅先端分离，成三角形外曲的尖头，发育种鳞具 2 种子，椭圆形，微扁。

分布：主要分布在广州珠江三角洲和福建中部及闽江下游海拔 1000m 以下地区，广东东部及西部、福建西部及北部、江西东部、四川东南部、广西及云南东南部也有零星分布。此外南京、武汉、庐山、上海、杭州等地有栽培。

应用价值：木材淡红黄色，材质轻软，纹理细，耐水湿，可作建筑、桥梁、家具等用材。根系发达，可栽于河边、堤旁，作固堤护岸和防风之用。树形优美，可作庭园树种。

涉案类型：偶见于危害国家重点保护植物罪。

应用

枝叶

未成熟球果

成熟球果

树皮

水杉 (*Metasequoia glyptostroboides*)

柏科 (Cupressaceae) 水杉属 (*Metasequoia*)

应用

保护现状：国家一级重点保护野生植物，我国特有。

形态特征：落叶乔木，高达35m；树干基部常膨大；树皮灰色、灰褐色或暗灰色，裂成长条状脱落，内皮淡紫褐色。叶条形，长0.8～3.5（常1.3～2）cm，交互对生，基部扭转排成两列，羽状，冬季与枝一同脱落。花单性，雌雄同株，单生叶腋，球果下垂，近四棱状球形或矩圆状球形，成熟前绿色，熟时深褐色，长1.8～2.5cm，径1.6～2.5cm；种鳞木质，盾形，通常11～12对，交叉对生；种子扁平，倒卵形，间或圆形或矩圆形，周围有翅，先端有凹缺。

分布：仅分布于重庆石柱县，湖北利川县磨刀溪、水杉坝一带及湖南西北部龙山、桑植等地，海拔750～1500m。现国内外广为栽培。

应用价值：边材白色，心材褐红色，材质轻软，纹理直，结构稍粗；早晚材硬度区别大，不耐水湿，可作房屋建筑、板料、电杆、家具及木纤维工业等原料。生长快，可作长江中下游、黄河下游、南岭以北、四川中部以东广大地区的造林树种及四旁绿化树种。树姿优美，为著名的庭园树种。

涉案类型：偶见于盗伐林木罪。

球花

未成熟球果

成熟球果

枝叶

树皮

植株

崖柏 (*Thuja sutchuenensis*)

柏科 (Cupressaceae) 崖柏属 (*Thuja*)

涉案检材

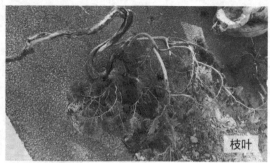

枝叶

小枝

鳞叶

保护现状： 国家一级重点保护野生植物。

形态特征： 灌木或乔木。枝条密，开展，生鳞叶的小枝扁。叶鳞形，生于小枝中央之叶斜方状倒卵形，有隆起的纵脊，有的纵脊有条形凹槽，长 1.5～3mm，宽 1.2～1.5mm，先端钝，下方无腺点，侧面叶船形，宽披针形，较中央之叶稍短，宽 0.8～1mm，先端钝，尖头内弯，两面均为绿色，无白粉。

分布： 我国特有树种，分布于重庆城口、湖北保康。

应用价值： 崖柏常被作为造型独特、沧桑遒劲的盆景艺术作品；宜孤植或丛植，或用作绿篱。因崖柏树料的油性，做成的手串油亮，具有观赏性。

涉案类型： 偶见于危害国家重点保护植物罪。

穗花杉（*Amentotaxus argotaenia*）

红豆杉科（Taxaceae）穗花杉属（*Amentotaxus*）

植株

叶正面

叶背面

树皮

保护现状：国家二级重点保护野生植物。

形态特征：灌木或小乔木，高达7m。树皮灰褐色或淡红褐色，裂成片状脱落。叶基部扭转列成两列，条状披针形，直或微弯镰状，长3～11cm，宽6～11mm，先端尖或钝，基部渐窄，楔形或宽楔形，有极短的叶柄，边缘微向下曲，背面白色气孔带与绿色边带等宽或较窄。雄球花穗1～3（多为2）穗。种子椭圆形，成熟时假种皮鲜红色。

分布：我国特有树种，产于江西西北部、湖北西部及西南部、湖南、四川东南部及中部、西藏东南部、甘肃南部、广西、广东等地海拔300～1100m地带的阴湿溪谷两旁或林内。

应用价值：木材材质细密，可供雕刻、器具、农具及细木加工等用。叶常绿，种子熟时假种皮红色，可作庭园树。

涉案类型：常见于危害国家重点保护植物罪。

篦子三尖杉（*Cephalotaxus oliveri*）

红豆杉科（Taxaceae）三尖杉属（*Cephalotaxus*）

枝叶

保护现状：国家二级重点保护野生植物。

形态特征：灌木，高达 4m。树皮灰褐色。叶条形，质硬，平展成两列，排列紧密；通常中部以上向上方微弯，稀直伸，长 1.5 ~ 3.2（多为 1.7 ~ 2.5）cm，基部截形或微呈心形，几无柄，先端凸尖或微凸尖，正面深绿色，微拱圆，中脉微明显或中下部明显；背面气孔带白色，较绿色边带宽 1 ~ 2 倍。雄球花 6 ~ 7 聚生成头状花序，径约 9mm，总梗长约 4mm，基部及总梗上部有 10 余枚苞片；雌球花的胚珠通常 1 ~ 2 枚发育成种子。种子倒卵圆形、卵圆形或近球形，长约 2.7cm，径约 1.8cm，顶端中央有小凸尖，有长梗。

分布：产于广东北部、江西东部、湖南、湖北西北部、四川南部及西部、贵州、云南东南部及东北部海拔 300 ~ 1800m 的地带。生于阔叶树林或针叶树林内。越南也有分布。

应用价值：木材坚实，可作农具及工艺等用材。叶、枝、种子、根可提取多种植物碱，对治疗白血病及淋巴肉瘤等有一定疗效。可作庭园树种。

涉案类型：常见于危害国家重点保护植物罪。

植株

未成熟种子

雄球花

雌球花

叶背面

应用

树皮

红豆杉（*Taxus wallichiana var. chinensisi*）

红豆杉科（Taxaceae）红豆杉属（*Taxus*）

枝叶

保护现状：国家一级重点保护野生植物。

形态特征：乔木，高达 30m，胸径达 60 ～ 100cm。树皮灰褐色、红褐色或暗褐色，裂成条片脱落。大枝开展，1 年生枝绿色或淡黄绿色，秋季变成绿黄色或淡红褐色，2 或 3 年生枝黄褐色、淡红褐色或灰褐色；冬芽黄褐色、淡褐色或红褐色，有光泽，芽鳞三角状卵形，背部无脊或有纵脊，脱落或少数宿存于小枝的基部。叶排列成两列，条形，微弯或较直，长 1 ～ 3（多为 1.5 ～ 2.2）cm，上部微渐窄，先端常微急尖，稀急尖或渐尖，正面深绿色，有光泽；背面淡黄绿色，有两条气孔带，中脉带上有密生均匀而微小的圆形角质乳头状突起点，常与气孔带同色，稀色较浅。雄球花淡黄色。种子生于杯状红色肉质的假种皮中。

分布：产于甘肃南部、陕西南部、四川、云南东北部及东南部、贵州西部及东南部、湖北西部、湖南东北部、广西北部和安徽南部，常生于海拔 1000 ～ 1200m 以上的高山上部。

应用价值：心材橘红色，边材淡黄褐色，纹理直，结构细，坚实耐用，干后少开裂，可作建筑、车辆、家具、器具、农具及文具等用材。枝叶秀丽，亦可作庭园绿化树种。

涉案类型：常见于危害国家重点保护植物罪。

种子

树干

横切面

叶背面

涉案检材

植株

南方红豆杉（*Taxus wallichiana var. mairei*）

红豆杉科（Taxaceae）红豆杉属（*Taxus*）

植株

保护现状： 国家一级重点保护野生植物。

形态特征： 本变种与红豆杉的区别主要在于叶通常较宽长，多呈弯镰状，通常长 2 ~ 3.5（~ 4.5）cm，上部常渐窄，先端渐尖；背面中脉带上无角质乳头状突起点，或局部有成片或零星分布的角质乳头状突起点，或与气孔带相邻的中脉带两边有一至数条角质乳头状突起，中脉带明晰可见，其色泽与气孔带相异，呈淡黄绿色或绿色，绿色边带亦较宽而明显。种子通常较大，微扁，多呈倒卵圆形，上部较宽，稀柱状矩圆形，长 7 ~ 8mm，径 5mm，种脐常呈椭圆形。

分布： 产于安徽南部、浙江、台湾、福建、江西、广东北部、广西北部及东北部、湖南、湖北西部、河南西部、陕西南部、甘肃南部、四川、贵州及云南东北部。垂直分布一般较红豆杉低，在多数地区常生于海拔 1200m 以下的地方。

应用价值： 心材橘红色，边材淡黄褐色，纹理直，结构细，坚实耐用，干后少开裂，可作建筑、车辆、家具、器具、农具及文具等用材。枝叶秀丽，亦可作庭园绿化树种。

涉案类型： 常见于危害国家重点保护植物罪。

带种子枝条

雄球花

未成熟种子

种子

树干

叶正面

榧树（*Torreya grandis*）

红豆杉科（Taxaceae）榧属（*Torreya*）

花枝

保护现状：国家二级重点保护野生植物。

形态特征：乔木，高达 25m，胸径 55cm。树皮浅黄灰色、深灰色或灰褐色，不规则纵裂。1 年生枝绿色，无毛，2 或 3 年生枝黄绿色、淡褐黄色或暗绿黄色，稀淡褐色。叶条形，排列成两列，通常直，长 1.1～2.5cm，先端凸尖，正面光绿色，无隆起的中脉；背面淡绿色，气孔带常与中脉带等宽，绿色边带与气孔带等宽或稍宽；初生叶三角状鳞形，雄球花圆柱状。种子椭圆形、卵圆形、倒卵圆形或长椭圆形，长 2～4.5cm，径 1.5～2.5cm，熟时假种皮淡紫褐色，有白粉，顶端微凸，基部具宿存的苞片。

分布：产于江苏南部、浙江、福建北部、江西北部、安徽南部、湖南西南部及贵州松桃等地。生于海拔 1400m 以下温暖多雨，黄壤、红壤、黄褐土地区。

应用价值：边材白色，心材黄色，纹理直，结构细，硬度适中，有弹性，有香气，不反挠，不开裂，耐水湿，为建筑、造船、家具等的优良木材。种子为著名的干果——香榧，亦可榨食用油；其假种皮可提炼芳香油（香榧壳油）。枝叶秀丽，亦可作庭园绿化树种。

涉案类型：偶见于危害国家重点保护植物罪。

雄球花

种子

叶背面

种子

植株

树皮

银杉（*Cathaya argyrophylla*）

松科（Pinaceae）银杉属（*Cathaya*）

生境

保护现状：国家一级重点保护野生植物。

形态特征：常绿乔木，高 20m 以上，胸径 90cm。树皮暗灰色，裂成不规则鳞片。小枝上端生长缓慢，稍增粗，侧枝生长缓慢，少数侧生小枝因顶芽早期死亡而成距状，叶枕微隆起。叶在枝节间散生，在枝端排列较密，线形，正面中脉凹下，背面中脉两侧有粉白色气孔带，叶内具 2 边生树脂道；叶柄短。雌雄同株；雄球花常单生于 2 或 3 年生枝叶腋；雌球花单生当年生枝下部至基部的叶腋，苞鳞卵状三角形，具尾状长尖。球果翌年成熟，长卵圆形或卵圆形，长 3 ~ 5cm，熟时栗色或暗褐色。种鳞木质，近圆形，背部横凸成蚌壳状，宿存；苞鳞三角状，具长尖，长约种鳞 1/3。种子卵圆形。

分布：产于广西龙胜海拔约 1400m 的阳坡阔叶林中和山脊地带、四川东南部南川金佛山海拔 1600 ~ 1800m 的山脊地带。

应用价值：有脂材，心材淡红褐色，边材灰白色，纹理直，结构中，可作建筑、家具等用材。现存的银杉野生树木为数不多，具有很高的科研价值。

涉案类型：存在涉危害国家重点保护植物罪风险。

枝叶

叶背面

球果

球果

树干

银杉王

江南油杉（*Keteleeria fortunei* var. *cyclolepis*）

松科（Pinaceae）油杉属（*Keteleeria*）

成熟球果

保护现状：国家二级重点保护野生植物。

形态特征：常绿乔木，乔木，高达20m，胸径60cm。树皮灰褐色，不规则纵裂。冬芽圆球形或卵圆形。1年生枝干后呈红褐色、褐色或淡紫褐色，常有或多或少之毛，稀无毛，2或3年生枝淡褐黄色、淡褐灰色、灰褐色或灰色。叶条形，在侧枝上排列成两列，长1.5～4cm，先端圆钝或微凹，稀微急尖，边缘多少卷曲或不反卷；正面光绿色，通常无气孔线，稀沿中脉两侧每边有1～5条粉白色气孔线，或仅先端或中上部有少数气孔线；背面色较浅，沿中脉两侧每边有气孔线10～20条，被白粉或白粉不明显。幼树及萌生枝有密毛，叶较长，宽达4.5mm，先端刺状渐尖。球果圆柱形或椭圆状圆柱形，顶端或上部渐窄，长7～15cm，径3.5～6cm，中部的种鳞常呈斜方形或斜方状圆形，稀近圆形或上部宽圆，宽与长近相等，上部圆或微窄，稀宽圆而中央微凹，边缘微向内曲，稀微向外曲，鳞背露出部分无毛或近无毛；种翅中部或中下部较宽。

分布：产于云南东南部、贵州、广西西北部及东部、广东北部、湖南南部、江西西南部、浙江西南部。常生于海拔340～1400m的山地。

应用价值：木材可作建筑、家具等用材。四季常青，可作庭园绿化树种。

涉案类型：偶见于危害国家重点保护植物罪。

未成熟球果

雄球花

雌球花

树皮

叶背面

植株

黄枝油杉（*Keteleeria davidiana var. calcarea*）

松科（Pinaceae）油杉属（*Keteleeria*）

球果

叶背面

树皮

植株

保护现状：国家二级重点保护野生植物。

形态特征：常绿乔木，高20m，胸径80cm。树皮黑褐色或灰色，纵裂，成片状剥落。小枝无毛或近于无毛，叶脱落后，留有近圆形的叶痕；1年生枝黄色，2或3年生枝呈淡黄灰色或灰色。冬芽圆球形。叶条形，在侧枝上排列成两列，长2～3.5cm，稀长达4.5cm，宽5mm，两面中脉隆起，先端钝或微凹，基部楔形，有短柄；正面光绿色，无气孔线；背面沿中脉两侧各有18～21条气孔线，有白粉。球果圆柱形，长11～14cm，径4～5.5cm，成熟时淡绿色或淡黄绿色；种翅中下部或中部较宽，上部较窄。

分布：产于广西北部及贵州南部，多生于石灰岩山地。

应用价值：木材可供建筑、家具等用，可选作造林树种。

涉案类型：偶见于危害国家重点保护植物罪。

大果青扦（*Picea neoveitchii*）

松科（Pinaceae）云杉属（Picea）

球果

保护现状：国家二级重点保护野生植物。

形态特征：乔木，高 8 ~ 15m，胸径 50cm。树皮灰色，裂成鳞状块片脱落。1 年生枝较粗，淡黄、淡黄褐或微带褐色，无毛，基部宿存芽鳞不反曲。冬芽卵圆形或圆锥状卵圆形。叶四棱状条形，两侧扁，高大于宽或等宽，常弯曲，长 1.5 ~ 2.5cm，先端锐尖，四面有气孔线，受光两面各有 5 ~ 7 条，背光两面各有 4 条。球果长圆状圆柱形或卵状圆柱形，长 8 ~ 14cm，径 5 ~ 6.5cm，通常两端渐窄，间或近基部微宽，熟前绿色，有树脂，熟时淡褐色或褐色，间或带黄绿色；种鳞宽倒卵状五角形、斜方状卵形或倒三角状宽卵形，种子倒卵圆形，长 5 ~ 6mm，连翅长约 1.6cm。

分布：产于湖北西部、陕西南部、甘肃天水及白龙江流域海拔 1300 ~ 2000m 地带。散生于林中或岩缝。

应用价值：木材淡黄白色，较轻软，纹理直，结构稍粗。可供建筑、电杆、土木工程、器具、家具及木纤维工业原料等用材。可作分布区内的造林树种。

涉案类型：偶见于危害国家重点保护植物罪。

金钱松（*Pseudolarix amabilis*）
松科（Pinaceae）金钱松属（*Pseudolarix*）

生境

保护现状：国家二级重点保护野生植物。

形态特征：落叶乔木，高达 40m，胸径达 1.5m。树干通直，树皮粗糙，灰褐色，裂成不规则的鳞片状块片。大枝不规则轮生；枝有长枝和短枝。叶在长枝上螺旋状排列，互生，在短枝上簇生状，辐射平展呈圆盘形，线形，柔软，长 2 ~ 5.5cm，上部稍宽，正面中脉微隆起，背面中脉明显，每边有 5 ~ 14 条气孔线。雄球花簇生于短枝顶端，具细短硬，雄蕊多数，花药 2，药室横裂，花粉有气囊；雌球花单生短枝顶端，直立，苞鳞大，珠鳞小，腹面基部具 2 倒生胚珠，具短梗。球果当年成熟，卵圆形，直立，长 6 ~ 7.5cm，有短柄；种鳞卵状披针形，先端有凹缺，木质，熟时与果轴一同脱落；苞鳞小，不露出。种子卵圆形，白色，下面有树脂囊，上部有宽大的种翅，基部有种翅包裹，种翅连同种子与种鳞近等长；子叶 4 ~ 6，发芽时出土。

分布：产于江苏南部、浙江、安徽南部、江西北部及中部、湖南等。庐山、南京等地有栽培。

应用价值：可作建筑、板材、家具、器具及木纤维工业原料等用材。树皮可提栲胶，入药（俗称土槿皮）可治顽癣和食积等症。根皮亦可药用，也可作造纸胶料。种子可榨油。树姿优美，秋后叶呈金黄色，颇为美观，可作庭园树。

涉案类型：偶见于危害国家重点保护植物罪、盗伐林木罪。

植株

枝叶

雄球花

球果

短枝

应用

华东黄杉（*Pseudotsuga gaussenii*）

松科（Pinaceae）黄杉属（*Pseudotsuga*）

植株

枝条

球果

球果

保护现状：国家二级重点保护野生植物。

形态特征：乔木，高达40m，胸径达1m。树皮深灰色，裂成不规则块片。1年生枝淡黄灰色（干后灰褐色或褐色），叶枕顶端褐色，主枝无毛或有疏毛，侧枝有褐色密毛；2或3年生枝灰色或淡灰色，无毛。冬芽顶端尖，褐色。叶条形，排列成两列或在主枝上近辐射伸展，直或微弯，长2～3cm，先端有凹缺；正面深绿色，有光泽；背面有两条白色气孔带。球果圆锥状卵圆形或卵圆形，基部宽，上部较窄，长3.5～5.5cm，径2～3cm，微有白粉；苞鳞上部向后反伸，中裂较长，窄三角形，长4～5mm，侧裂三角状，先端尖或钝，外缘常有细缺齿，长2～3mm；种子三角状卵圆形。

分布：产于安徽南部、浙江西部及南部等地海拔600～1500m的山区。

应用价值：可供建筑、家具等用，亦可作庭园观赏树。在浙江、安徽南部、福建北部及西部、江西东部海拔500~1500m的高山地带可作造林树种。

涉案类型：偶见于危害国家重点保护植物罪。

华南五针松（*Pinus kwangtungensis*）

松科（Pinaceae）松属（*Pinus*）

植株　雌球花　枝叶　球果　球果

保护现状：国家二级重点保护野生植物。

形态特征：乔木，高达 30m，胸径 1.5m。幼树树皮平滑，老树树皮厚，褐色，裂成不规则的鳞状块片。1 年生枝无毛，干后淡褐色。冬芽茶褐色，微被树脂。针叶 5 针一束，较粗短，长 3.5 ~ 7cm，径 1 ~ 1.5mm，边缘有细齿。球果圆柱状长圆形或圆柱状卵形，长 4 ~ 9cm，径 3 ~ 6cm，稀长达 17cm，径 7cm，熟时淡红褐色，微被树脂，柄长 0.7 ~ 2cm；种鳞鳞盾菱形，上端边缘较薄，微内曲或直伸。种子椭圆形或倒卵圆形，长 0.8 ~ 1.2cm，连同种翅近等长。

分布：产于湖南南部、贵州独山、广西、广东北部及海南五指山海拔 700 ~ 1600m 的地带。

应用价值：可作建筑、枕木、电杆、矿柱及家具等用材，亦可提取树脂。

涉案类型：偶见于危害国家重点保护植物罪、盗伐林木罪。

厚朴（*Houpoea officinalis*）

木兰科（Magnoliaceae）厚朴属（*Houpoea*）

花

保护现状：国家二级重点保护野生植物。

形态特征：落叶乔木，高达20m。树皮厚，褐色，不开裂。小枝粗壮，淡黄色或灰黄色，幼时有绢毛。叶大，近革质，7～9片聚生于枝端，长圆状倒卵形，长22～45cm，基部楔形，全缘而微波状；正面绿色，无毛；背面灰绿色，被灰色柔毛，有白粉；叶柄粗壮，长2.5～4cm，托叶痕长为叶柄的2/3。花白色，径10～15cm，芳香；花梗粗短，被长柔毛，离花被片下1cm处具苞片脱落痕，花被片9～12（17），厚肉质，外轮3片淡绿色，长圆状倒卵形，盛开时常向外反卷，内两轮白色，倒卵状匙形，花盛开时中内轮直立。聚合果长圆状卵圆形，蓇葖具长3～4mm的喙。种子三角状倒卵形。

分布：产于陕西南部、甘肃东南部、河南东南部、湖北西部、湖南西南部、四川、贵州东北部。生于海拔300～1500m的山地林间。广西北部、江西庐山及浙江有栽培。

应用价值：树皮、根皮、花、种子及芽皆可入药，以树皮为主，为著名中药。种子可榨油，可制肥皂。木材供建筑、板料、家具、雕刻、乐器、细木工等用。叶大荫浓，花大美丽，可作绿化观赏树种。

涉案类型：常见于危害国家重点保护植物罪。

枝叶

花正面

聚合蓇葖果

花侧面

植株

聚合蓇葖果

鹅掌楸（*Liriodendron chinense*）

木兰科（Magnoliaceae）鹅掌楸属（*Liriodendron*）

花枝

保护现状：国家二级重点保护野生植物。

形态特征：乔木，高达 40m，胸径 1m 以上。小枝灰色或灰褐色。叶马褂状，长 4 ～ 12（18）cm，近基部每边具 1 侧裂片，先端具 2 浅裂，背面苍白色，叶柄长 4 ～ 8（～ 16）cm。花杯状，花被片 9，外轮 3 片绿色，萼片状，向外弯垂；内两轮 6 片、直立，花瓣状、倒卵形，长 3 ～ 4cm，绿色，具黄色纵条纹；花药长 10 ～ 16mm；花丝长 5 ～ 6mm；花期时雌蕊群超出花被之上，心皮黄绿色。聚合果长 7 ～ 9cm，具翅的小坚果长约 6mm，顶端钝或钝尖，具种子 1 ～ 2 枚。

分布：产于陕西、安徽、浙江、江西、福建、湖北、湖南、广西、四川、贵州、云南，台湾有栽培。生于海拔 900 ～ 1000m 的山地林中。越南北部也有分布。

应用价值：木材淡红褐色、纹理直，结构细，可作建筑、造船、家具、细木工的优良用材，亦可制胶合板。叶和树皮可入药。树干挺直，树冠伞形，叶形奇特、古雅，为世界上最珍贵的树种之一。

涉案类型：偶见于危害国家重点保护植物罪、盗伐林木罪。

花正面

花侧面

未成熟聚合果

叶背面

成熟聚合果

树干

宝华玉兰（*Yulania zenii*）

木兰科（Magnoliaceae）玉兰属（*Yulania*）

花枝

保护现状：国家二级重点保护野生植物。

形态特征：落叶乔木，高达11m，胸径达30cm。树皮灰白色，平滑。嫩枝绿色，无毛，老枝紫色，疏生皮孔。芽狭卵形，顶端稍弯，被长绢毛。叶膜质，倒卵状长圆形或长圆形，长7～16cm，先端宽圆具渐尖头，基部阔楔形或圆钝，正面绿色，无毛；背面淡绿色，中脉及侧脉有长弯曲毛，侧脉每边8～10条；叶柄长0.6～1.8cm，初被长柔毛，托叶痕长为叶柄长的1/5～1/2。花蕾卵形，花先叶开放，有芳香，直径约12cm；花梗长2～4mm，密被长毛；花被片9，近匙形，先端圆或稍尖，长6.8～7.8cm，宽2.7～3.8cm，内轮较狭小，白色，背面中部以下淡紫红色，上部白色；聚合果圆柱形，长5～7cm；成熟蓇葖近圆形，有疣点状突起，顶端钝圆。

分布：产于江苏句容宝华山。生于海拔约220m的丘陵地。江苏、浙江等地已开展引种及应用研究。

应用价值：花芳香艳丽，为优美的庭园观赏树种。

涉案类型：偶见于盗窃罪。

花枝

花背面

花正面

枝叶

聚合蓇葖果

生境

夏蜡梅（*Calycanthus chinensis*）
蜡梅科（Calycanthaceae）夏蜡梅属（*Calycanthus*）

应用

保护现状：国家二级重点保护植物。

形态特征：落叶灌木，高 1～3m。树皮灰白色或灰褐色，皮孔突起。小枝对生，无毛或幼时被疏微毛。芽藏于叶柄基部之内。叶宽卵状椭圆形、卵圆形或倒卵形，长 11～26cm，基部两侧略不对称，叶缘全缘或有不规则的细齿，叶面有光泽，略粗糙，无毛；叶背幼时沿脉上被褐色硬毛，老渐无毛；叶柄长 1.2～1.8cm，被黄色硬毛，后变无毛。花无香气，直径 4.5～7cm；花梗长 2～4.5cm，着生有苞片 5～7 个，苞片早落；花被片螺旋状着生于杯状或坛状的花托上，外面的花被片 12～14，倒卵形或倒卵状匙形，长 1.4～3.6cm，宽 1.2～2.6cm，白色，边缘淡紫红色，有脉纹，内面的花被片 9～12，向上直立，顶端内弯，椭圆形，长 1.1～1.7cm，宽 9～13mm，中部以上淡黄色，中部以下白色，内面基部有淡紫红色斑纹；被微毛。果托钟状或近顶口紧缩，长 3～4.5cm，直径 1.5～3cm，密被柔毛，顶端有 14～16 个披针状钻形的附生物；瘦果长圆形，长 1～1.6cm，直径 5～8mm，被绢毛。

分布：产于浙江昌化及天台等地。生于海拔 600～1000m 的山地沟边林荫下。

应用价值：夏花秀丽，可作庭园观赏树种。

涉案类型：偶见于危害国家重点保护植物罪。

花正面

枝叶

花侧面

果实

瘦果

植株

闽楠（*Phoebe bournei*）

樟科（Lauraceae）楠属（*Phoebe*）

生境

保护现状：国家二级重点保护野生植物。

形态特征：大乔木，高 15 ～ 20m，树干通直，分枝少。老的树皮灰白色，新的树皮带黄褐色。小枝有毛或近无毛。叶革质或厚革质，披针形或倒披针形，长 7 ～ 13（15）cm，先端渐尖或长渐尖，基部渐狭或楔形，正面发亮，背面有短柔毛，脉上被伸展长柔毛，有时具缘毛，中脉上面下陷，侧脉每边 10 ～ 14 条，上面平坦或下陷，下面突起，横脉及小脉多而密，在下面结成十分明显的网格状；叶柄长 5 ～ 11（20）mm。圆锥花序长 3 ～ 7（～ 10）cm，常 3 个，最下部分枝长 2 ～ 2.5cm；花被片卵形，两面被毛；果椭圆形或长圆形，长 1.1 ～ 1.5cm，宿存花被片紧贴，被毛。

分布：产于江西、福建、浙江南部、广东、广西北部及东北部、湖南、湖北、贵州东南及东北部。野生的多见于山地沟谷阔叶林中，已有人工栽培。

应用价值：木材纹理直，结构细密，芳香，不易变形及虫蛀，也不易开裂，为建筑、高级家具等良好木材。四季常青，枝叶秀丽，可作庭园绿化树种。

涉案类型：常见于危害国家重点保护植物罪。

应用

枝叶

涉案木材

横切面

顶芽

核果

树干

浙江楠（*Phoebe chekiangensis*）

樟科（Lauraceae）楠属（*Phoebe*）

植株

保护现状：国家二级重点保护野生植物。

形态特征：常绿乔木，高达20m。树皮淡黄褐色，薄片脱落；小枝具棱，密被黄褐或灰黑色柔毛或茸毛。叶倒卵状椭圆形或倒卵状披针形，稀披针形，长（7～）8～13（～17）cm，先端渐尖，基部楔形或近圆，正面幼时被毛，后无毛；背面被灰褐色柔毛；脉上被长柔毛，正面中脉及侧脉凹下，侧脉8～10条，横脉及细脉密集，背面明显；叶柄长1～1.5cm，被毛。圆锥花序长5～10cm，被毛；花被片两面被毛；花丝被毛。果椭圆状卵圆形，长1.2～1.5cm，被白粉；宿存花被片革质，紧贴。

分布：产于浙江西北部及东北部、福建北部、江西东部。生于山地阔叶林中。江苏、浙江、湖北、上海等地引种栽培。

应用价值：本种树干通直，材质坚硬，可作建筑、家具等用材。树身高大，枝条粗壮，斜伸，雄伟壮观，叶四季青翠，可作绿化树种。

涉案类型：偶见于盗窃罪、危害国家重点保护植物罪。

植株

枝叶

干叶片

花枝

核果

树干

楠木（*Phoebe zhennan*）

樟科（Lauraceae）楠属（*Phoebe*）

植株

保护现状：国家二级重点保护野生植物。

形态特征：常绿大乔木，高30余米，树干通直。芽鳞被灰黄色贴伏长毛。小枝通常较细，有棱或近于圆柱形，被灰黄色或灰褐色长柔毛或短柔毛。叶革质，椭圆形，少为披针形或倒披针形，长7～11（13）cm，先端渐尖，尖头直或呈镰状，基部楔形，最末端钝或尖，正面光亮无毛或沿中脉下半部有柔毛，背面密被短柔毛，脉上被长柔毛，中脉在上面下陷成沟，背面明显突起，侧脉每边8～13条，斜伸，正面不明显，背面明显突起，近边缘网结，并渐消失，横脉在背面略明显或不明显，小脉几乎看不见，不与横脉构成网格状或很少呈模糊的小网格状；叶柄细，长1～2.2cm，被毛。聚伞状圆锥花序十分开展，被毛，每伞形花序有花3～6朵，一般为5朵。果椭圆形，长1.1～1.4cm，直径6～7mm；果梗微增粗；宿存花被片卵形，革质、紧贴，两面被短柔毛或外面被微柔毛。

分布：产于湖北、湖南、贵州、四川、重庆、广西、云南。野生或栽培，野生的多见于海拔1500m以下的阔叶林中。

应用价值：本种为高大乔木，树干通直，叶终年不落，为很好的绿化树种。木材有香气，纹理直而结构细密，不易变形和开裂，为建筑、高级家具等优良木材。

涉案类型：常见于危害国家重点保护植物罪。

枝叶

叶背面

植株

树皮

应用

楠木王

天竺桂（*Cinnamomum japonicum*）

樟科（Lauraceae）桂属（*Cinnamomum*）

植株　未成熟核果　成熟核果

花　枝叶

保护现状： 国家二级重点保护野生植物。

形态特征： 常绿乔木，高达 15m。小枝带红或红褐色，无毛。叶卵状长圆形或长圆状披针形，长 7～10cm，先端尖或渐尖，基部宽楔形或近圆，两面无毛，离基三出脉；叶柄长达 1.5cm，带红褐色，无毛。花序长 3～4.5（～10）cm，花序梗与序轴均无毛；花被片卵形，外面无毛，内面被柔毛。果长圆形，长 7mm；果托浅杯状，径达 5mm，全缘或具圆齿。

分布： 产于江苏、浙江、安徽、江西、福建及台湾。生于低山或近海的常绿阔叶林中，海拔 1000m 以下。朝鲜、日本也有分布。浙江、江苏等地已人工繁育绿化种苗。

应用价值： 枝叶及树皮可提取芳香油，是制作各种香精及香料的原料。果核含脂肪，可制肥皂及润滑油。园林绿化树种。木材坚硬而耐久，耐水湿，可作建筑、船舶、车辆及家具等用材。

涉案类型： 偶见于盗窃罪。

舟山新木姜子（*Neolitsea sericea*）

樟科（Lauraceae）新木姜子属（*Neolitsea*）

叶背面　花序　植株　叶正面

保护现状：国家二级重点保护野生植物。

形态特征：常绿乔木。幼枝密被黄色绢状柔毛，老时脱落无毛。叶互生，椭圆形或披针状椭圆形，长 6.6 ～ 20cm，先端短渐钝尖，基部楔形，幼叶两面密被黄色绢毛，老叶背面被平伏黄褐或橙褐色绢毛，离基三出脉，侧脉 4 ～ 5 对，最下 1 对侧脉离叶基部 0.6 ～ 1cm；叶柄粗，长 2 ～ 3cm。伞形花序簇生，无梗；雄花序具 5 花；花梗长 3 ～ 6mm，密被长柔毛；花被片椭圆形；花丝基部被长柔毛。果球形，径约 1.3cm；果托浅盘状；果柄被柔毛。

分布：产于浙江舟山及上海崇明。生于山坡林中。朝鲜、日本也有分布。浙江、江苏、上海等地已人工繁育绿化种苗。

应用价值：园林绿化树种。

涉案类型：偶见于盗窃罪。

华重楼（*Paris polyphylla* var. *chinensis*）

藜芦科（Melanthiaceae）重楼属（*Paris*）

生境

花

幼叶

保护现状：国家二级重点保护野生植物。

形态特征：叶 5 ～ 8 枚轮生，通常 7 枚，倒卵状披针形、矩圆状披针形或倒披针形，基部通常楔形。内轮花被片狭条形，通常中部以上变宽，宽约 1 ～ 1.5mm，长 1.5 ～ 3.5cm，长为外轮的 1/3 至近等长或稍超过；雄蕊 8 ～ 10 枚，花药长 1.2 ～ 1.5（～ 2）cm，长为花丝的 3 ～ 4 倍，药隔突出部分长 1 ～ 1.5（～ 2）mm。

分布：产于江苏、浙江、江西、福建、台湾、湖北、湖南、广东、广西、四川、贵州和云南。生于海拔 600 ～ 1350（～ 2000）m 的林下荫处或沟谷边的草丛中。

应用价值：根茎可入药。

涉案类型：偶见于危害国家重点保护植物罪。

狭叶重楼（*Paris polyphylla* var. *stenophylla*）

藜芦科（Melanthiaceae）重楼属（*Paris*）

生境

叶

花

保护现状：国家二级重点保护野生植物。

形态特征：叶 8～13（～22）枚轮生，披针形、倒披针形或条状披针形，有时略微弯曲呈镰刀状，长 5.5～19cm，很少为 3～8mm，先端渐尖，基部楔形，具短叶柄。外轮花被片叶状，5～7 枚，狭披针形或卵状披针形，长 3～8cm，宽（0.5～）1～1.5cm，先端渐尖头，基部渐狭成短柄；内轮花被片狭条形，远比外轮花被片长；雄蕊 7～14 枚，花药长 5～8mm，与花丝近等长；药隔突出部分极短，长 0.5～1mm；子房近球形，暗紫色，花柱明显，长 3～5mm，顶端具 4～5 分枝。

分布：产于四川、贵州、云南、西藏、广西、湖北、湖南、福建、台湾、江西、浙江、江苏、安徽、山西、陕西和甘肃。生于海拔 1000～2700m 的林下或草丛阴湿处。

应用价值：根茎可入药。

涉案类型：偶见于危害国家重点保护植物罪。

荞麦叶大百合（*Cardiocrinum cathayanum*）

百合科（Liliaceae）大百合属（*Cardiocrinum*）

花

植株

花序

保护现状：国家二级重点保护野生植物。

形态特征：茎高达 1.5m，径 1 ~ 2cm。叶纸质，具网状脉，卵状心形或卵形，先端急尖，基部近心形，长 10 ~ 22cm，宽 6 ~ 16cm，正面深绿色，背面淡绿色；叶柄长 6 ~ 20cm，基部扩大。总状花序有花 3 ~ 5 朵；花梗短而粗，向上斜伸，每花具一枚苞片；苞片矩圆形，长 4 ~ 5.5cm，宽 1.5 ~ 1.8cm；花狭喇叭形，乳白色或淡绿色，内具紫色条纹；花被片条状倒披针形。蒴果近球形，长 4 ~ 5cm，宽 3 ~ 3.5cm，红棕色。种子扁平，红棕色，周围有膜质翅。

分布：产于湖北、湖南、江西、浙江、安徽和江苏。生于海拔 600 ~ 1050m 的山坡林下阴湿处。

应用价值：蒴果可供药用。

涉案类型：偶见于危害国家重点保护植物罪。

浙贝母（*Fritillaria thunbergii*）
百合科（Liliaceae）贝母属（*Fritillaria*）

花侧面　花正面　果实　叶

保护现状：国家二级重点保护野生植物。

形态特征：植株长 50 ～ 80cm。鳞茎由 2（～ 3）枚鳞片组成，直径 1.5 ～ 3cm。叶在最下面对生或散生，向上常兼有散生、对生和轮生，近条形至披针形，长 7 ～ 11cm，先端不卷曲或稍弯曲。花 1 ～ 6 朵，淡黄色，有时稍带淡紫色。蒴果棱上有宽 6 ～ 8mm 的翅。

分布：产于江苏南部、浙江北部和湖南，也分布于日本。浙江宁波有大量栽培，其他地区如江苏、湖南、湖北和四川等地也有少量栽培。

应用价值：本种是药材"浙贝"的来源。

涉案类型：偶见于危害国家重点保护植物罪。

蕙兰（*Cymbidium faberi*）

兰科（Orchidaceae）兰属（*Cymbidium*）

花序

保护现状：国家二级重点保护野生植物。

形态特征：地生草本。假鳞茎不明显。叶5～8，带形，近直立，长25～80cm，基部常对折呈"V"字形，叶脉常透明，常有粗齿。花葶稍外弯，长35～50cm，花序具5～11朵或多花；苞片线状披针形，最下1枚长于子房，中上部的长1～2cm；花梗和子房长2～2.6cm；花常淡黄绿色，唇瓣有紫红色斑，有香气；萼片近披针状长圆形或窄倒卵形，长2.5～3.5cm，宽6～8mm；花瓣与萼片相似，常略宽短，唇瓣长圆状卵形，长2～2.5cm，3裂；侧裂片直立，具小乳突或细毛，中裂片较长，外弯，有乳突，边缘常皱波状；唇盘2褶片，上端内倾，多少形成短管。蒴果窄椭圆形，长5～5.5cm。

分布：产于陕西南部、甘肃南部、安徽、浙江、江西、福建、台湾、河南南部、湖北、湖南、广东、广西、四川、贵州、云南和西藏东部。生于海拔700～3000m湿润但排水良好的透光处。尼泊尔、印度北部也有分布。

应用价值：蕙兰植株挺拔，花茎直立或下垂，花大色艳，主要用作盆栽观赏。

涉案类型：常见于危害国家重点保护植物罪、盗窃罪。

涉案检材

苞片

花正面

涉案花序

根

叶

春兰（*Cymbidium goeringii*）
兰科（Orchidaceae）兰属（*Cymbidium*）

涉案检材

保护现状：国家二级重点保护野生植物。

形态特征：地生植物；假鳞茎较小，卵球形，包藏于叶基之内。叶4～7枚，带形，通常较短小，长20～40（～60）cm，下部常多少对折而呈"V"字形，边缘无齿或具细齿。花莛从假鳞茎基部外侧叶腋中抽出，直立，长3～15（～20）cm，极罕更高，明显短于叶；花序具单朵花，极罕2朵；花苞片长而宽，一般长4～5cm，多少围抱子房；花梗和子房长2～4cm；花色泽变化较大，通常为绿色或淡褐黄色而有紫褐色脉纹，有香气；萼片近长圆形至长圆状倒卵形，长2.5～4cm，宽8～12mm；花瓣倒卵状椭圆形至长圆状卵形，长1.7～3cm，与萼片近等宽，展开或多少围抱蕊柱。蒴果狭椭圆形，长6～8cm，宽2～3cm。

分布：产于陕西南部、甘肃南部、江苏、安徽、浙江、江西、福建、台湾、河南南部、湖北、湖南、广东、广西、四川、贵州、云南。生于多石山坡、林缘、林中透光处，海拔300～2200m，在台湾可上升到3000m。日本与朝鲜半岛南端也有分布。

应用价值：春兰全草可入药。春兰是中国培育历史比较悠久的兰花品种之一，古往今来都受到人们的喜爱，具有很高的观赏价值。春兰能有效净化室内空气。

涉案类型：常见于危害国家重点保护植物罪、盗窃罪。

植株

根

花

花

植株

蒴果

杏黄兜兰（*Paphiopedilum armeniacum*）

兰科（Orchidaceae）兜兰属（*Paphiopedilum*）

花正面

花背面

植株

应用

保护现状：国家一级重点保护野生植物。

形态特征：根状茎细长，横走。叶基生，2列，正面有深绿及淡绿色相间的网格斑，背面密被紫色斑点，边缘有细齿。花莛直立，长达28cm，被褐色短毛，顶生1花，被白色短柔毛；花径7～9cm，黄色，唇瓣深囊状，近椭圆状球形或宽椭圆形，长4～5cm，具短爪，囊底有紫色斑点。退化雄蕊宽卵形或卵圆形，长1～2cm。

分布：产于云南西部。生于海拔1400～2100m的石灰岩壁积土处或多石而排水良好的草坡上。缅甸可能也有分布。

应用价值：花大色雅，杏黄花色填补了兜兰中黄色花系的空白，具有较高的观赏价值。

涉案类型：常见于危害国家重点保护植物罪。

麻栗坡兜兰（*Paphiopedilum malipoense*）

兰科（Orchidaceae）兜兰属（*Paphiopedilum*）

花

保护现状：国家一级重点保护野生植物。

形态特征：地下根状茎短，直生。叶基生，2 列，7 ~ 8 枚，长圆形或窄椭圆形，革质，长 10 ~ 23cm，先端具稍不对称的弯缺，正面有深绿及淡绿色相间的网格斑，背面紫色或具紫色斑点，稀无紫点。花莛直立，长达 40cm，具锈色长柔毛，顶生 1 花；花梗和子房具长柔毛；花径 8 ~ 9cm，黄绿色或淡绿色，花瓣有紫褐色条纹或斑点条纹，唇瓣有时有不其明显紫褐色斑点；退化雄蕊白色，近先端有深紫色斑块，稀无斑块；中萼片椭圆状披针形，长 3.5 ~ 4.5cm，内面广疏被微柔毛，背面具长柔毛，合萼片卵状披针形，长 3.5 ~ 4.5cm，先端略 2 齿裂；花瓣倒卵形、卵形或椭圆形，长 4 ~ 5cm，两面被微柔毛，唇瓣深囊状，近球形，长与宽均 4 ~ 4.5cm。

分布：产于广西西部、贵州西南部和云南东南部。生于海拔 1100 ~ 1600m 的石灰岩山坡林下多石处或积土岩壁上。越南也有分布。

应用价值：麻栗坡兜兰叶片斑斓，花莛高长，花瓣青绿，唇瓣乳黄色，有"玉拖"的雅称，具有极高的观赏价值。

涉案类型：常见于危害国家重点保护植物罪。

硬叶兜兰（*Paphiopedilum micranthum*）

兰科（Orchidaceae）兜兰属（*Paphiopedilum*）

花侧面

叶

植株

涉案检材

保护现状：国家二级重点保护野生植物。

形态特征：根状茎细长，横走。叶基生，2列，正面有深绿及淡绿色相间的网格斑，背面密被紫斑点。花莛直立，被长柔毛，顶生1花；花梗和子房被长柔毛；花大，艳丽，中萼片与花瓣常白色，有黄色晕和淡紫红色粗脉纹，唇瓣白或淡粉红色，深囊状，卵状椭圆形或近球形，囊口近圆形。

分布：产于广西西南部、贵州南部和西南部和云南东南部。生于海拔1000～1700m的石灰岩山坡草丛中、石壁缝隙、积土处。越南也有分布。

应用价值：花比较雅致，色彩比较庄重，花瓣带有不规则斑点或条纹，适合观赏。

涉案类型：常见于危害国家重点保护植物罪。

扇脉杓兰（*Cypripedium japonicum*）

兰科（Orchidaceae）杓兰属（*Cypripedium*）

生境

叶

花

植株

　　保护现状：国家二级重点保护野生植物。

　　形态特征：茎直立，被褐色长柔毛；叶常2枚，近对生，生于植株近中部；叶扇形，长10～16cm，宽10～21cm，上部边缘钝波状，基部近楔形，具扇形辐射状脉直达边缘，两面近基部均被长柔毛。花序顶生1花，花俯垂；萼片和花瓣淡黄绿色，基部多少有紫色斑点，唇瓣下垂，囊状，囊口略窄长，周围有凹槽呈波浪状缺齿。

　　分布：产于陕西、甘肃、安徽、浙江、江西、湖北、湖南、四川和贵州。生于海拔1000～2000m的林下、林缘、溪谷旁、荫蔽山坡等湿润和腐殖质丰富的土壤上。日本也有分布。

　　应用价值：花有栽培，具有较高的园艺价值。根茎可入药。

　　涉案类型：偶见于危害国家重点保护植物罪。

铁皮石斛（*Dendrobium officinale*）
兰科（Orchidaceae）石斛属（*Dendrobium*）

花

果

应用

涉案检材

保护现状：国家二级重点保护野生植物。

形态特征：茎直立，圆柱形，具多节，节间长 1.3 ~ 1.7cm，常在中部以上互生 3 ~ 5 枚叶。叶二列，纸质，长圆状披针形，基部下延为抱茎的鞘，叶鞘常具紫斑，老时其上缘与茎松离而张开，并且与节留下 1 个环状铁青的间隙。总状花序常从已落叶的老茎上部发出，具 2 ~ 3 朵花；萼片和花瓣黄绿色，近相似，长圆状披针形。

分布：产于安徽、浙江、福建、广西、四川、云南东。生于海拔 1600m 的山地半阴湿的岩石上。

应用价值：茎可入药。

涉案类型：偶见于危害国家重点保护植物罪。

重唇石斛（*Dendrobium hercoglossum*）

兰科（Orchidaceae）石斛属（*Dendrobium*）

涉案检材

保护现状：国家二级重点保护野生植物。

形态特征：茎下垂，圆柱形或有时从基部上方逐渐变粗，具少数至多数节。叶薄革质，狭长圆形或长圆状披针形，基部具紧抱于茎的鞘。总状花序通常数个，从已落叶的老茎上发出，常具2～3朵花；花序轴瘦弱，长1.5～2cm，有时稍回折状弯曲；花开展，萼片和花瓣淡粉红色；花瓣倒卵状长圆形，长1.2～1.5cm，宽4.5～7mm，先端锐尖，具3条脉；唇瓣白色，分前后唇；后唇半球形，前端密生短流苏，内面密生短毛；前唇淡粉红色，三角形，先端急尖，无毛。

分布：产于安徽、江西、湖南、广东、海南、广西、贵州、云南东，也分布于泰国、老挝、越南、马来西亚。生于海拔590～1260m的山地密林中树干上和山谷湿润岩石上。

应用价值：花观赏性强，可作园艺观赏植物。根茎可入药。

涉案类型：偶见于危害国家重点保护植物罪。

鼓槌石斛（*Dendrobium chrysotoxum*）

兰科（Orchidaceae）石斛属（*Dendrobium*）

花

花

植株

应用

保护现状：国家二级重点保护野生植物。

形态特征：茎直立，纺锤形，长达30cm，中部径1.5～5cm，具多数圆钝条棱，近顶端具2～5叶；叶革质，长圆形，先端急尖而钩转，基部收狭，但不下延为抱茎的鞘。花序近茎端发出，斜出或稍下垂，疏生多花；花质厚，金黄色，稍有香气；唇瓣色较深，近肾状圆形，较花瓣大，先端2浅裂，基部两侧具少数红色条纹，边缘波状，上面密生茸毛，有时具"U"形栗色斑块。

分布：产于云南南部至西部。生于海拔520～1620m阳光充足的常绿阔叶林中的树干上或疏林下岩石上。分布于印度东北部、缅甸、泰国、老挝、越南。

应用价值：茎可入药。观赏价值极高，既可作切花，也可作盆栽观赏。

涉案类型：常见于危害国家重点保护植物罪。

兜唇石斛（*Dendrobium aphyllum*）

兰科（Orchidaceae）石斛属（*Dendrobium*）

花

保护现状：国家二级重点保护野生植物。

形态特征：茎下垂，细圆柱形，长达90cm。叶纸质，披针形或卵状披针形，长6～8cm，基部具抱茎纸质鞘。花序几无花序轴，每1～3花成1束，生于已落叶或有叶老茎上，花序梗长2～5mm；苞片卵形；花下垂，萼片和花瓣白色，上部带淡紫红或淡红色；中萼片近披针形，长2.3cm，侧萼片与中萼片等大，基部歪斜，萼囊窄倒圆锥形，长约5mm；花瓣椭圆形，与萼片等长稍宽，全缘，唇瓣宽倒卵形或近圆形，长、宽约2.5cm，两侧抱蕊柱成喇叭状，基部两侧具紫红色条纹，上部淡黄色，下部淡粉红色，边缘具细齿，两面密被毛；药帽前端凹缺。

分布：产于广西西北部、贵州西南部、云南东南部至西部。生于海拔400～1500m的疏林树干上或山谷岩石上。也分布于印度、尼泊尔、不丹、缅甸、老挝、越南、马来西亚。

应用价值：茎可入药。观赏价值极高，花姿优雅，玲珑可爱，花色鲜艳，气味芳香，既可作切花，也可作盆栽观赏。

涉案类型：常见于危害国家重点保护植物罪。

白及（*Bletilla striata*）

兰科（Orchidaceae）白及属（*Bletilla*）

花序

假鳞茎

蒴果

应用

保护现状：国家二级重点保护野生植物。

形态特征：植株高 18 ～ 60cm。假鳞茎扁球形，上面具荸荠似的环带，富黏性。叶 4 ～ 6 枚，狭长圆形或披针形，先端渐尖，基部收狭成鞘并抱茎。花序具 3-10 朵花，常不分枝或极罕分枝；花序轴或多或少呈"之"字状曲折；花大，紫红色或粉红色；萼片和花瓣近等长；花瓣较萼片稍宽；唇瓣较萼片和花瓣稍短，倒卵状椭圆形，长 23 ～ 28mm，白色带紫红色，具紫色脉。

分布：产于陕西、甘肃、江苏、安徽、浙江、江西、福建、湖北、湖南、广东、广西、四川和贵州。生于海拔 100 ～ 3200m 的常绿阔叶林下。在北京和天津有栽培。朝鲜半岛和日本也有分布。

应用价值：此花有栽培，具有较高的园艺价值。

涉案类型：偶见于危害国家重点保护植物罪。

独花兰（*Changnienia amoena*）

兰科（Orchidaceae）独花兰属（Changnienia）

花

叶背面

果

假鳞茎

保护现状：国家二级重点保护野生植物。

形态特征：假鳞茎近椭圆形或宽卵球形，肉质，近淡黄白色，有2节，被膜质鞘。叶1枚，宽卵状椭圆形至宽椭圆形，长 6.5 ～ 11.5cm，宽 5 ～ 8.2cm，先端急尖或短渐尖，基部圆形或近截形，背面紫红色；叶柄长 3.5 ～ 8cm。花莛长 10 ～ 17cm，紫色，具2枚鞘；花大，白色而带肉红色或淡紫色晕，唇瓣有紫红色斑点。

分布：产于陕西、江苏、安徽、浙江、江西、湖北、湖南和四川。生于疏林下腐殖质丰富的土壤上或沿山谷荫蔽的地方，海拔 400 ～ 1100（～ 1800）m。

应用价值：适宜家庭和室内培养，可作水旱及微型盆景的花草点缀。全株可药用。

涉案类型：偶见于危害国家重点保护植物罪。

台湾独蒜兰（*Pleione formosana*）

兰科（Orchidaceae）独蒜兰属（*Pleione*）

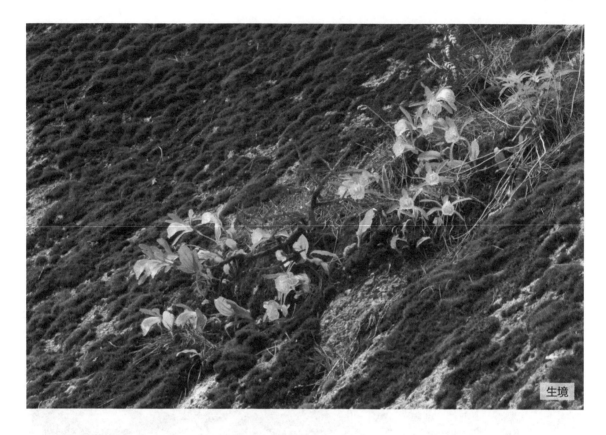

生境

保护现状：国家二级重点保护野生植物。

形态特征：半附生或附生草本。假鳞茎扁卵形或卵球形，上端有颈，顶端具1叶。叶椭圆形或倒披针形，纸质，长10～30cm，叶柄长3～4cm。花葶生于无叶假鳞茎基部，长7～16cm，顶具1（2）花；苞片长于花梗和子房；花白至粉红色，唇瓣色泽常略浅于花瓣，上面具有黄色、红色或褐色斑，有时略芳香；侧萼片窄椭圆状倒披针形，长4～5.5cm；花瓣线状倒披针形，长4.2～6cm，唇瓣宽卵状椭圆形或近圆形，长4～5.5cm，不明显3裂，先端微缺，上部撕裂状，上面具2～5褶片，中央1条褶片短或无，褶片有间断，全缘或啮蚀状；蕊柱长2.8～4.2cm，顶部具齿。蒴果纺锤状，长4cm，黑褐色。

分布：产于安徽南部、台湾、福建西部至北部、浙江南部和江西东南部。生于林下或林缘腐殖质丰富的土壤和岩石上，海拔600～1500（中国大陆）或1500～2500m（中国台湾）。

应用价值：此花有栽培，具有较高的园艺价值。

涉案类型：偶见于危害国家重点保护植物罪。

植株

花侧面

叶

蒴果

花正面

假鳞茎

六角莲（*Dysosma pleiantha*）

小檗科（Berberidaceae）八角莲属（*Dysosma*）

生境

保护现状：国家二级重点保护野生植物。

形态特征：多年生草本，植株高 20～60cm，有时可达 80cm。根状茎粗壮，横走，呈圆形结节，多须根；茎直立，单生，顶端生二叶，无毛。叶近纸质，对生，盾状，轮廓近圆形，直径 16～33cm，5～9 浅裂，裂片宽三角状卵形，先端急尖，正面暗绿色，常有光泽，背面淡黄绿色，两面无毛，边缘具细刺齿；叶柄长 10～28cm，具纵条棱，无毛。花梗长 2～4cm，常下弯，无毛；花紫红色，下垂；萼片 6，椭圆状长圆形或卵状长圆形，长 1～2cm，宽约 8mm，早落；花瓣 6～9，紫红色，倒卵状长圆形，长 3～4cm，宽 1～1.3cm；雄蕊 6，长约 2.3cm，常镰状弯曲，花丝扁平，长 7～8mm，花药长约 15mm，药隔先端延伸；子房长圆形，长约 13mm，花柱长约 3mm，柱头头状，胚珠多数。浆果倒卵状长圆形或椭圆形，长约 3cm，直径约 2cm，熟时紫黑色。

分布：产于于台湾、浙江、福建、安徽、江西、湖北、湖南、广东、广西、四川、河南。生于海拔 400～1600m 的林下、山谷溪旁或阴湿溪谷草丛中。

应用价值：根状茎供药用，有散瘀解毒功效，主治毒蛇咬伤，痈、疮、疔、痨以及跌打损伤等。根状茎及根有毒。

涉案类型：偶见于危害国家重点保护植物罪。

叶正面

花正面

雌雄蕊

花侧面

叶背面

幼果

银缕梅（*Parrotia subaequalis*）

金缕梅科（Hamamelidaceae）银缕梅属（*Parrotia*）

植株

保护现状：国家一级重点保护野生植物。

形态特征：落叶小乔木。芽及幼枝被星状毛。叶互生，薄革质，椭圆形或倒卵形，长5～9cm，先端尖，基部不等侧圆，两面被星状毛，具不整齐粗齿；叶柄长4～6mm，被星状毛，托叶披针形，早落。短穗状花序腋生及顶生，具3～7花；雄花与两性花同序，外轮1～2朵为雄花，内轮4～5朵为两性花。花无梗，苞片卵形；萼筒浅杯状，萼具不整齐钝齿，宿存；无花瓣；雄蕊5～15，花丝长，直伸，花后弯垂。蒴果木质，长圆形，长1.2cm，被毛，萼筒宿存果及萼筒均密被黄色星状柔毛。

分布：产于江苏、安徽、浙江安吉、河南商城等地的狭窄地域，仅有有少量野生植株。

应用价值：银缕梅的木材坚硬，纹理通直，结构细密，切面光滑，浅褐色，有光泽，可作细木工、家具等用材。树姿古朴，叶片入秋变黄色，花朵银丝缕缕更为奇特，可作园林景观树，也是优良的盆景树种。

涉案类型：偶见于危害国家重点保护植物罪。

秋叶

花序

花序

应用

蒴果

芽

树皮

锁阳（*Cynomorium songaricum*）

锁阳科（Cynomoriaceae）锁阳属（*Cynomorium*）

涉案检材

保护现状：国家二级重点保护野生植物。

形态特征：多年生肉质寄生草本，无叶绿素，全株红棕色，高 15～100cm，大部分埋于沙中。寄生根根上着生大小不等的锁阳芽体，初近球形，后变椭圆形或长柱形，径 6～15mm，具多数须根与脱落的鳞片叶。茎圆柱状，直立、棕褐色，径 3～6cm，埋于沙中的茎具有细小须根，尤在基部较多，茎基部略增粗或膨大。茎上着生螺旋状排列脱落性鳞片叶，中部或基部较密集，向上渐疏；鳞片叶卵状三角形，长 0.5～1.2cm，宽 0.5～1.5cm，先端尖。肉穗花序生于茎顶，伸出地面，棒状，长 5～16cm、径 2～6cm；其上着生非常密集的小花，雄花、雌花和两性相伴杂生，有香气，花序中散生鳞片状叶。果为小坚果状，多数非常小，近球形或椭圆形，种子近球形，径约 1mm，深红色，种皮坚硬而厚。

分布：产于新疆、青海、甘肃、宁夏、内蒙古、陕西等地。生于荒漠草原、草原化荒漠与荒漠地带的河边、湖边、池边等地及有白刺、枇杷柴生长的盐碱地区。中亚、伊朗、蒙古也有分布。

应用价值：除去花序的肉质茎供药用，能补肾、益精、润燥，主治阳痿遗精、腰膝酸软、肠燥便秘，对瘫痪和改善性机能衰弱有一定的作用。肉质茎富含鞣质，可提炼栲胶；含淀粉，可酿酒，可制作饲料及代食品。

涉案类型：常见于危害国家重点保护植物罪。

降香（*Dalbergia odorifera*）

豆科（Fabaceae）黄檀属（*Dalbergia*）

果枝

保护现状：国家二级重点保护野生植物。

形态特征：乔木，高 10 ~ 15m；全株无毛。树皮褐色或淡褐色，粗糙，有纵裂槽纹。小枝有小而密集皮孔。羽状复叶复叶长 12 ~ 25cm；叶柄长 1.5 ~ 3cm；托叶早落；小叶（3 ~）4 ~ 5（~ 6）对，近革质，卵形或椭圆形，长（2.5 ~）4 ~ 7（~ 9）cm；复叶顶端的 1 枚小叶最大，往下渐小，基部 1 对长仅为顶小叶的 1/3，先端渐尖或急尖，钝头，基部圆或阔楔形；小叶柄长 3 ~ 5mm。圆锥花序腋生，长 8 ~ 10cm，径 6 ~ 7cm，分枝呈伞房花序状；总花梗长 3 ~ 5cm；花梗长约 1mm；花萼长约 2mm，下方 1 枚萼齿较长，披针形，其余的阔卵形，急尖；花冠乳白色或淡黄色，各瓣近等长，均具长约 1mm 瓣柄；旗瓣倒心形，连柄长约 5mm，上部宽约 3mm，先端截平，微凹缺；翼瓣长圆形，龙骨瓣半月形，背弯拱；雄蕊 9，单体。荚果舌状长圆形，长 4.5 ~ 8cm，基部略被毛，顶端钝或急尖，基部骤然收窄与纤细的果颈相接，果瓣革质，有种子的部分明显突起，状如棋子，厚可达 5mm，有种子 1（~ 2）枚。

分布：产于海南中部和南部。生于中海拔的山坡疏林中、林缘或林旁旷地上。

应用价值：木材质优，边材淡黄色，质略疏松，心材红褐色，坚重，纹理致密，为上等家具良材。有香味，可作香料。根部心材供药用。

涉案类型：偶见于盗窃罪。

叶正面

叶背面

树干

成熟果实

未成熟果实

应用

土沉香（*Aquilaria sinensis*）

瑞香科（Thymelaeaceae）沉香属（*Aquilaria*）

叶正面

花

应用

叶背面

保护现状：国家二级重点保护野生植物。

形态特征：乔木。树皮暗灰色，几平滑，纤维坚韧。叶革质，圆形、椭圆形至长圆形，有时近倒卵形，长 5 ~ 9cm，两面均无毛，侧脉每边 15 ~ 20，在背面更明显，近平行，花芳香，黄绿色，多朵，组成伞形花序；萼筒浅钟状，两面均密被短柔毛，5 裂，花瓣 10，鳞片状。蒴果卵状球形，长 2 ~ 3cm，绿色，密被黄色柔毛，2 瓣裂。

分布：产于广东、海南、广西、福建。喜生于低海拔的山地、丘陵以及路边阳处疏林中。

应用价值：老茎受伤后所积得的树脂，俗称沉香，可作香料原料，并为治胃病特效药。树皮纤维柔韧，色白而细致，可作高级纸原料及人造棉。木质部可提取芳香油。花可制浸膏。

涉案类型：常见于危害国家重点保护植物罪和走私国家禁止进出口的货物、物品罪。

花榈木（*Ormosia henryi*）

豆科（Fabaceae）红豆属（*Ormosia*）

种子

保护现状： 国家二级重点保护野生植物。

形态特征： 常绿乔木，高16m，胸径可达40cm。树皮灰绿色，平滑，有浅裂纹。叶长13 ~ 32.5（~ 35）cm，具（3）5 ~ 7小叶；小叶革质，椭圆形或长圆状椭圆形，长4.3 ~ 13.5（~ 17）cm，先端钝或短尖，基部圆或宽楔形，边缘微反卷，正面无毛，背面及叶柄均密生黄褐色茸毛，侧脉6 ~ 11对。小圆锥花序顶生，或总状花序腋生；密被淡褐色茸毛；花长2cm，径2cm；花梗长7 ~ 12mm；花萼钟形，5齿裂；花冠中央淡绿色，边缘绿色微带淡紫色。荚果扁平，长椭圆形，长5 ~ 12cm，顶端有喙；果柄长5mm，果瓣革质，紫褐色，无毛，有横隔膜，具4 ~ 8（稀1 ~ 2）枚种子。种子椭圆形或卵圆形，长0.8 ~ 1.5cm，鲜红色，有光泽。

分布： 产于安徽、浙江、江西、湖南、湖北、广东、四川、贵州、云南。生于海拔100 ~ 1300m的山坡、溪谷两旁杂木林内，常与杉木、枫香、马尾松、合欢等混生。越南、泰国也有分布。

应用价值： 木材致密质重，纹理美丽，可作轴承及细木家具用材。根、枝、叶入药。又为绿化或防火树种。枝条折断时有臭气，浙南俗称臭桶柴。

涉案类型： 偶见于危害国家重点保护植物罪、诈骗罪。

植株

未成熟荚果

成熟荚果

枝叶

复叶饼

开裂荚果

红豆树（*Ormosia hosiei*）

豆科（Fabaceae）红豆属（*Ormosia*）

花序

保护现状：国家二级重点保护野生植物。

形态特征：常绿或落叶乔木，高达 30m。树皮灰绿色，平滑，小枝幼时有黄褐色细毛，后无毛。奇数羽状复叶，长 12.5 ~ 23cm；小叶（1 ~ ）2（~ 4）对，薄革质，卵形或卵状椭圆形，稀近圆形，长 3 ~ 10.5cm，先端急尖或渐尖；基部圆形或阔楔形，正面深绿色，背面淡绿色，幼叶疏被细毛，老则脱落无毛或仅背面中脉有疏毛，侧脉 8 ~ 10 对。花疏生，有香气；花萼钟状，裂片近圆形，密被短柔毛；花冠白或淡紫色。荚果扁，近圆形，长 3.3 ~ 4.8cm，扁平，先端有短喙；果柄长 5 ~ 8mm，果瓣近革质，厚 2 ~ 3mm，干后褐色，无毛；无中果皮，内壁无横隔膜，具 1 ~ 2 种子。种子近圆形或椭圆形，长 1.4 ~ 1.8cm，微扁，种皮红色，种脐长 0.9 ~ 1cm。

分布：产于陕西、甘肃、江苏、安徽、浙江、江西、福建、湖北、四川、贵州。生于河旁、山坡、山谷林内，海拔 200 ~ 900m，稀达 1350m。

应用价值：木材坚硬细致、纹理美丽、有光泽；可作优良的木雕工艺及高级家具等用材。根与种子入药。树姿优雅，为很好的庭园树种。现大树不多，应加强保护及繁殖。

涉案类型：偶见于危害国家重点保护植物罪、诈骗罪。

花序

枝叶

花

羽叶背面

树皮

植株

格木（*Erythrophleum fordii*）

豆科（Fabaceae）格木属（*Erythrophleum*）

树干

复叶

荚果

保护现状：国家二级重点保护野生植物。

形态特征：乔木，通常高约 10m，有时可达 30m；嫩枝和幼芽被铁锈色短柔毛。叶互生，二回羽状复叶，无毛；羽片通常 3 对，对生或近对生，长 20 ~ 30cm，每羽片有小叶 8 ~ 12片；小叶互生，卵形或卵状椭圆形，长 5 ~ 8cm，先端渐尖，基部圆形，两侧不对称，边全缘；小叶柄长 2.5 ~ 3mm。由穗状花序所排成的圆锥花序长 15 ~ 20cm；总花梗上被铁锈色柔毛；萼钟状，外面被疏柔毛，裂片长圆形，边缘密被柔毛；花瓣 5，淡黄绿色，长于萼裂片，倒披针形，内面和边缘密被柔毛；雄蕊 10 枚，无毛，长为花瓣的 2 倍。荚果长圆形，扁平，长 10 ~ 18cm，宽 3.5 ~ 4cm，厚革质，有网脉。种子长圆形，稍扁平，种皮黑褐色。

分布：产于广西、广东、福建、台湾、浙江等地。生于山地密林或疏林中。越南有分布。

应用价值：木材暗褐色，质硬而亮，纹理致密，为国产著名硬木之一，可作造船的龙骨、首柱及尾柱用材，也可作飞机机座的垫板及房屋建筑的柱材等。

涉案类型：常见于危害国家重点保护植物罪。

植株

大叶榉树（*Zelkova schneideriana*）

榆科（Ulmaceae）榉属（*Zelkova*）

植株

保护现状：国家二级重点保护野生植物。

形态特征：乔木，高达35m，胸径达80cm。树皮灰褐色至深灰色，呈不规则的片状剥落。当年生枝灰绿色或褐灰色，密生伸展的灰色柔毛。冬芽常2个并生，球形或卵状球形。叶厚纸质，大小形状变异很大，卵形至椭圆状披针形，长3～10cm，先端渐尖、尾状渐尖或锐尖；基部稍偏斜，圆形或宽楔形，稀浅心形；叶面绿色，干后深绿至暗褐色，被糙毛，叶背浅绿色，干后变淡绿至紫红色；密被柔毛，边缘具圆齿状锯齿，侧脉8～15对；叶柄粗短，长3～7mm，被柔毛。雄花1～3朵簇生于叶腋，雌花或两性花常单生于小枝上部叶腋。

分布：常生于溪间水旁或山坡土层较厚的疏林中，海拔200～1100m，在云南和西藏海拔在1800～2800m。华东和中南地区有栽培。

应用价值：木材致密坚硬，纹理美观，不易伸缩与反挠，耐腐力强。其老树材常带红色，故有"血榉"之称，可作造船、桥梁、车辆、家具、器械等的用材；树皮含纤维46％，可供制人造棉、绳索及作造纸原料。

涉案类型：常见于盗伐林木罪，偶见于危害国家重点保护植物罪。

树干

芽

花

应用

秋叶

果实

金豆（*Citrus japonica*）

芸香科（Rutaceae）柑橘属（*Citrus*）

应用

果枝

果实

保护现状： 国家二级重点保护野生植物。

形态特征： 灌木。多枝，刺短。叶片椭圆形到倒卵状椭圆形，花单生或簇生，近无柄。花瓣5，白色。果鲜橙色到红色，球状到扁球形，直径6～8mm，平滑。

分布： 产于安徽南部、福建、广东、广西东南部、海南、湖南、江西、浙江。生于海拔600～1000m的常绿阔叶林中。

应用价值： 四季常青，秋果累累，是良好的观叶观果植物，可制作盆景。

涉案类型： 偶见于盗窃罪、危害国家重点保护植物罪。

黄檗（*Phellodendron amurense*）

芸香科（Rutaceae）黄檗属（*Phellodendron*）

花枝

复叶背面

复叶正面

果实

保护现状：国家二级重点保护野生植物。

形态特征：枝扩展，成年树的树皮有厚木栓层，浅灰或灰褐色，深沟状或不规则网状开裂，内皮薄，鲜黄色，味苦，黏质，小枝暗紫红色，无毛。叶轴及叶柄均纤细，有小叶 5 ~ 13 片；小叶薄纸质或纸质，卵状披针形或卵形；叶缘有细钝齿和缘毛，叶面无毛或中脉有疏短毛，叶背仅基部中脉两侧密被长柔毛；花瓣紫绿色，长 3 ~ 4mm。果圆球形，径约 1cm，蓝黑色。

分布：主产于东北和华北各地，河南、安徽北部、宁夏也有分布，内蒙古有少量栽种。朝鲜、日本、俄罗斯也有，也见于中亚和欧洲东部。

应用价值：木栓层是制造软木塞的材料。木材坚硬，可作枪托、家具、装饰的优良用材。果实可作驱虫剂及染料，可制肥皂和润滑油。树皮内层经炮制后入药。

涉案类型：偶见于危害国家重点保护植物罪。

红椿（*Toona ciliata*）

楝科（Meliaceae）香椿属（*Toona*）

生境

保护现状： 国家二级重点保护野生植物。

形态特征： 大乔木，高20余米。小枝初时被柔毛，渐变无毛，有稀疏的苍白色皮孔。叶为偶数或奇数羽状复叶，长25～40cm，通常有小叶7～8对；叶柄长约为叶长的1/4，圆柱形；小叶对生或近对生，纸质，长圆状卵形或披针，长8～15cm，宽2.5～6cm，先端尾状渐尖，基部一侧圆形，另一侧楔形，不等边，边全缘，侧脉每边12～18条，背面突起。圆锥花序顶生；花瓣5，白色，长圆形，长4～5mm，先端钝或具短尖，无毛或被微柔毛，边缘具睫毛。蒴果长椭圆形，木质，干后紫褐色，有苍白色皮孔，长2～3.5cm。种子两端具翅，翅扁平，膜质。

分布： 产于福建、湖南、广东、广西、四川和云南等地。多生于低海拔沟谷林中或山坡疏林中。分布于印度、马来西亚、印度尼西亚和中南半岛等。

应用价值： 木材赤褐色，纹理通直，质软，耐腐，适宜作建筑、车舟、茶箱、家具、雕刻等用材。树皮含单宁，可提制栲胶。

涉案类型： 常见于危害国家重点保护植物罪。

复叶背面

芽

涉案检材

花枝

植株

树皮

蚬木（*Excentrodendron tonkinense*）

锦葵科（Malvaceae）蚬木属（*Excentrodendron*）

生境

保护现状：国家二级重点保护野生植物。

形态特征：常绿乔木。嫩枝及顶芽均无毛。叶革质，卵形，长 14 ~ 18cm，宽 8 ~ 10cm，先端渐尖，基部圆形，正面绿色，发亮；背面同色，脉腋有囊状腺体及毛丛，无毛，基出脉 3 条，全缘；叶柄长 3 ~ 6cm，圆柱形，无毛。圆锥花序或总状花序长 4 ~ 5cm，有花 3 ~ 6 朵；花柄有节，被星状柔毛；苞片早落；萼片长圆形，长约 1cm，外面有星状柔毛，内面无毛，基部无腺体或内侧数片每片有 2 个球形腺体；花瓣倒卵形，长 5 ~ 6mm，无柄；极短。蒴果纺锤形，长 3.5 ~ 4cm；果柄有节。

分布：分布于广西和云南。生于海拔 700 ~ 900m 的热带石灰岩山地季雨林。越南北部有分布。

应用价值：木材坚重，有极为优良的力学特性，是机械、特种建筑和制船、高级家具的珍贵用材，也是制作砧板的好材料。

涉案类型：常见于危害国家重点保护植物罪和走私国家禁止进出口的货物、物品罪。

叶

芽

树皮

果实

植株

应用

望天树（*Parashorea chinensis*）

龙脑香科（Dipterocarpaceae）柳安属（*Parashorea*）

植株

保护现状：国家一级重点保护野生植物。

形态特征：乔木，高达80m，胸径达3m。树皮灰或深褐色，块状脱落。叶革质，椭圆形或椭圆状披针形，长6~20cm，宽3~8cm，先端渐尖，基部圆形，侧脉羽状，14~19对，在背面明显突起，网脉明显，被鳞片状毛或茸毛；叶柄长1~3cm，密被毛；托叶纸质，早落，卵形，基部抱茎，具纵脉5~7条，被鳞片状毛或茸毛。圆锥花序腋生或顶生，密被灰黄色的鳞片状毛或茸毛；每朵花的基部具1对宿存的苞片。花瓣5枚，黄白色，芳香。果实长卵形，密被银灰色的绢状毛；果翅近等长或3长2短，近革质，具纵脉5~7条，基部狭窄不包围果实。

分布：产于云南、广西。生于沟谷、坡地、丘陵及石灰山密林中，海拔300~1100m。

应用价值：木材坚硬、耐用、耐腐性强，不易受虫蛀。材色褐黄色，无特殊气味，纹理直，结构均匀，加工容易，刨切面光滑，花纹美观，为制造各种家具的高级用材。

涉案类型：偶见于涉危害国家重点保护植物罪。

树干

枝叶

叶

托叶

树干

植株

伯乐树（*Bretschneidera sinensis*）

叠珠树科（Akaniaceae）伯乐树属（*Bretschneidera*）

花枝

保护现状：国家二级重点保护野生植物。

形态特征：乔木，高 10 ~ 20m。树皮灰褐色，小枝有较明显的皮孔。羽状复叶通常长 25 ~ 45cm，总轴有疏短柔毛或无毛；叶柄长 10 ~ 18cm，小叶 7 ~ 15 片，纸质或革质，狭椭圆形，菱状长圆形、长圆状披针形或卵状披针形，多少偏斜，长 6 ~ 26cm，全缘，顶端渐尖或急短渐尖，叶背粉绿色或灰白色，有短柔毛，常在中脉和侧脉两侧较密。花序长 20 ~ 36cm；总花梗、花梗、花萼外面有棕色短茸毛；花淡红色，直径约 4cm，花梗长 2 ~ 3cm；花萼直径约 2cm，长 1.2 ~ 1.7cm，顶端具短的 5 齿，内面有疏柔毛或无毛，花瓣阔匙形或倒卵楔形，顶端浑圆，长 1.8 ~ 2cm，宽 1 ~ 1.5cm，无毛，内面有红色纵条纹。果椭圆球形。

分布：产于四川、云南、贵州、广西、广东、湖南、湖北、江西、浙江、福建等地。生于低海拔至中海拔的山地林中。

应用价值：中国特有树种，被誉为"植物中的龙凤"，它在研究被子植物的系统发育和古地理、古气候等方面都有重要科学价值。该种冠大荫浓，树干通直，材质优良；其花大型，初夏盛开时满树粉红如霞，是优良的园林观赏和绿化造林树种。

涉案类型：偶见于危害国家重点保护植物罪。

花序

复叶

花侧面

树皮

果实

植株

珙桐（*Davidia involucrata*）

蓝果树科（Nyssaceae）珙桐属（*Davidia*）

花枝

保护现状：国家一级重点保护野生植物。

形态特征：落叶乔木，高达25m，胸径1m。树皮灰褐至深褐色，呈不规则薄片剥落。叶互生，集生幼枝顶部，宽卵形或圆形，长9～15cm，先端骤尖，基部深心形至浅心形，具三角状粗齿，齿端锐尖，幼叶正面疏被长柔毛，背面密被淡黄或白色丝状粗毛；侧脉8～9对；叶柄长4～5（～7）cm，幼时疏生柔毛。杂性同株；常由多数雄花与1枚雌花或两性花组成球形头状花序，径约2cm，生于小枝近顶端叶腋，花序梗较长，基部具2～3枚大型白色花瓣状苞片，苞片长圆形或倒卵状长圆形，长7～15（～20）cm，宽3～5（～10）cm；雄花无花萼，无花瓣。核果单生，长圆形，长3～4cm，径1.5～2cm，紫绿色，具黄色斑点及纵沟纹。

分布：产于湖北西部、湖南西部、四川以及贵州和云南两省的北部，在四川西部的宝兴、天全、峨眉、马边、峨边等县极常见。生于海拔1500～2200m的润湿常绿落叶阔叶混交林中。

应用价值：珙桐为世界著名的珍贵观赏树，常植于池畔、溪旁等，并有象征和平的意义。

涉案类型：常见于危害国家重点保护植物罪。

苞片

花序

叶

果实

树皮

植

果核

杜鹃叶山茶（*Camellia azalea*）

山茶科（Theaceae）山茶属（*Camellia*）

保护现状：国家一级重点保护野生植物。

形态特征：灌木，嫩枝红色，无毛，老枝灰色。叶革质，倒卵状长圆形，有时长圆形，长 7～11cm，无毛；先端圆或钝，基部楔形，多少下延，侧脉 6～8 对，干后在正背两面均稍突起，全缘，偶或近先端有少数齿突，叶柄长 6～10mm。花深红色，单生于枝顶叶腋；蒴果短纺锤形。

分布：产于广东阳春河尾山，海拔 540m 的山地。

应用价值：植株整齐，花大色艳，且其花期为夏季，具有极高的观赏价值。

涉案类型：偶见于危害国家重点保护植物罪、盗窃罪。

金花茶（*Camellia petelotii*）
山茶科（Theaceae）山茶属（*Camellia*）

植株

保护现状：国家二级重点保护野生植物。

形态特征：常绿灌木，高 1 ~ 2m，树皮黄褐色。叶革质，长 6 ~ 9.5cm，先端钝尖，基部宽楔形，两面无毛，侧脉 5 ~ 6 对，在正面稍陷下，网脉不明显，边缘具细锯齿，或近全缘，叶柄长 5 ~ 7mm。花单生于叶腋，直径 2.5 ~ 4cm，黄色，花梗下垂，长 5 ~ 10mm；苞片 4 ~ 6 片，半圆形，长 2 ~ 3mm，外面无毛，内面被白色短柔毛；萼片 5 片，近圆形，长 4 ~ 10mm，无毛，但内侧有短柔毛；花瓣 10 ~ 13 片，外轮近圆形，长 1.5 ~ 1.8cm，毛，内轮倒卵形或椭圆形，长 2.5 ~ 3cm，宽 1.5 ~ 2cm；雄蕊多数，外轮花丝连成短管，长 1 ~ 2mm。

分布：产于广西扶绥中东乡。生于石灰岩山地常绿林。

应用价值：金花茶的发现填补了茶科家族没有金黄色花朵的空白。其蜡质的绿叶晶莹光洁；花瓣透明，坚挺亮滑，一尘不染；花瓣重叠重密，鲜丽俏艳，点缀于玉叶琼枝间，风姿绰约，金瓣玉蕊，美艳怡人，赏心悦目，极具观赏价值。

涉案类型：偶见于危害国家重点保护植物罪、盗窃罪。

秤锤树（*Sinojackia xylocarpa*）

安息香科（Styracaceae）秤锤树属（*Sinojackia*）

果枝

保护现状：国家二级重点保护野生植物。

形态特征：乔木，高达 7m，胸径达 10cm。叶纸质，倒卵形或椭圆形，长 3 ~ 9cm，顶端急尖，基部楔形或近圆形，边缘具硬质锯齿，生于具花小枝基部的叶卵形而较小，长 2 ~ 5cm，宽 1.5 ~ 2cm，基部圆形或稍心形，两面除叶脉疏被星状短柔毛外，其余无毛，侧脉每边 5 ~ 7 条；叶柄长约 5mm。总状聚伞花序生于侧枝顶端，有花 3 ~ 5 朵；花梗柔弱而下垂，疏被星状短柔毛，长达 3cm；花冠裂片长圆状椭圆形，顶端钝，长 8 ~ 12mm，两面均密被星状茸毛；雄蕊 10 ~ 14 枚，花药长圆形，长约 3mm，无毛；花柱线形。果实卵形，顶端具圆锥状的喙，连喙长 2 ~ 2.5cm，红褐色，有浅棕色的皮孔，无毛；种子 1 枚，长圆状线形，长约 1cm，栗褐色。

分布：产于江苏南京，杭州、上海、武汉等地有栽培。生于海拔 500 ~ 800m 的林缘或疏林中。

应用价值：秤锤树花洁白无瑕、高雅脱俗。果实形似秤锤，极具特色；果序下垂，随风摇曳，具有很高的观赏性和科学研究价值。

涉案类型：存在非法采伐、毁坏风险，偶见于盗窃罪、危害国家重点保护植物罪。

应用

花枝

叶

花序

果实

枝叶

兴安杜鹃（*Rhododendron dauricum*）

杜鹃花科（Ericaceae）杜鹃花属（*Rhododendron*）

花

叶

应用

植株

保护现状：国家二级重点保护野生植物。

形态特征：半常绿灌木，高0.5～2m。分枝多，幼枝细而弯曲，被柔毛和鳞片。叶片近革质，椭圆形或长圆形，长1～5cm，宽1～1.5cm，两端钝，有时基部宽楔形，全缘或有细钝齿，正面深绿色，散生鳞片；背面淡绿色，密被鳞片，叶柄长2～6mm，被微柔毛。花序腋生枝顶或假顶生，1～4花，先叶开放，伞形着生；花冠宽漏斗状，粉红色或紫红色，雄蕊10，短于花冠，蒴果长圆形。

分布：产于黑龙江、内蒙古、吉林。生于山地落叶松林、桦木林下或林缘。蒙古、日本、朝鲜、俄罗斯有分布。

应用价值：花供观赏，野生个体作为插花材料，被采枝严重。叶可提取芳香油，调制香精。亦可入药。茎、秆、果含草鞣质，可提制栲胶。

涉案类型：常见于危害国家重点保护植物罪。

肉苁蓉（*Cistanche deserticola*）

列当科（Orobanchaceae）肉苁蓉属（*Cistanche*）

花

叶

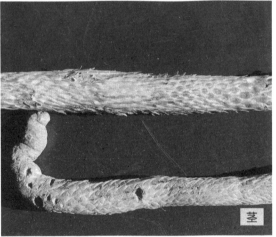

茎

保护现状：国家二级重点保护野生植物。

形态特征：多年生草本，高达 1.6m。茎下部叶紧密，宽卵形或三角状卵形，长 0.5 ~ 1.5cm，宽 1 ~ 2cm；上部叶较稀疏，披针形或窄披针形，无毛；穗状花序长 15 ~ 50cm，宽 1 ~ 2cm；花冠淡黄色，裂片淡黄、淡紫或边缘淡紫色，干后棕褐色。

分布：产于内蒙古、宁夏、甘肃及新疆。生于海拔 225 ~ 1150m 的梭梭荒漠的沙丘。

应用价值：茎入药，采后晾干为生大芸，盐渍为盐大芸，在西北地区有"沙漠人参"之称。

涉案类型：常见于危害国家重点保护植物罪。

雪莲花（*Saussurea involucrata*）

菊科（Asteraceae）风毛菊属（*Saussurea*）

植株

保护现状： 国家二级重点保护野生植物。

形态特征： 多年生草本，高 15 ～ 35cm。根状茎粗，颈部被多数褐色的叶残迹。茎粗壮，基部直径 2 ～ 3cm，无毛。叶密集，基生叶和茎生叶无柄，叶片椭圆形或卵状椭圆形，长达 14cm，顶端钝或急尖，基部下延，边缘有尖齿，两面无毛；最上部叶苞叶状，膜质，淡黄色，宽卵形，长 5.5 ～ 7cm，包围总花序，边缘有尖齿。头状花序 10 ～ 20 个，在茎顶密集成球形的总花序，无小花梗或有短小花梗。总苞半球形，直径 1cm；总苞片 3 ～ 4 层，边缘或全部紫褐色，先端急尖。小花紫色，长 1.6cm，管部长 7mm，檐部长 9mm。瘦果长圆形，长 3mm。冠毛污白色，2 层，外层小，糙毛状，长 3mm，内层长，羽毛状，长 1.5cm。

分布： 产于新疆。生于山坡、山谷、石缝、水边、草甸，海拔 2400 ～ 3470m。俄罗斯及哈萨克斯坦有分布。

应用价值： 花供观赏。全草入药。

涉案类型： 常见于危害国家重点保护植物罪。

水母雪兔子（*Saussurea medusa*）

菊科（Asteraceae）风毛菊属（*Saussurea*）

生境　植株

植株　叶　植株

保护现状：国家二级重点保护野生植物。

形态特征：多年生草本。茎密被白色绵毛，叶密集，茎下部叶倒卵形、扇形、圆形、长圆形或菱形；上部叶卵形或卵状披针形；最上部叶线形或线状披针形，边缘有细齿；叶两面灰绿色，被白色长绵毛。头状花序在茎端密集成半球形总花序，为被绵毛的苞片所包围或半包围；小花蓝紫色；瘦果纺锤形，冠毛白色，2层，外层糙毛状，内层羽毛状。

分布：产于甘肃、青海、四川、云南、西藏。生于多砾石山坡、高山流石滩，海拔3000～5600m。克什米尔地区也有分布。

应用价值：全草可入药。

涉案类型：常见于危害国家重点保护植物罪。

第二部分

毒品原植物

毒品被人们称为"白色恶魔"。吸食毒品不仅吞噬着人们的肌体，更摧残着人们的意志和精神，引发社会犯罪，成为影响国家经济健康发展、社会安定团结、人民生活幸福安康的一大社会公害。在涉毒犯罪中，毒品原植物犯罪是常见的犯罪类型之一。毒品原植物是指用来提炼、加工成鸦片、海洛因、甲基苯丙胺、吗啡、可卡因等麻醉药品和精神药品的原植物，常见毒品原植物有罂粟、大麻、古柯等，近些年恰特草、乌羽玉等新型毒品原植物犯罪也时有发生。

我国《禁毒法》明确规定禁止种植毒品原植物。一些不法分子无视法律，在我国存在非法种植、非法走私、非法持有毒品原植物、食品中非法添加毒品原植物的现象及案件类型。非法种植毒品原植物罂粟的案件尤为突出，罂粟虽然原产南欧，由于其适应性强，我国南北各地均存在不同程度的非法种植现象。从种植原因来看，一些群众认为食用罂粟幼苗能预防和治疗感冒，而少数的餐馆老板为了吸引顾客，也会在餐饮中将罂粟苗作为蔬菜食用，在火锅底料或食品中非法添加罂粟壳（籽）作为香料。其实，这些行为都违反了国家法律规定，危害了食用者的身体健康，在群众中造成不良影响。

本章节以办案机关常涉案的毒品原植物为研究对象，通过生物形态、涉案形态等图片展示介绍了罂粟、大麻、恰特草等5种常见涉案毒品原植物，以期为办案机关识别常涉案毒品原植物，打击犯罪提供依据。

罂粟（*Papaver somniferum*）

罂粟科（Papaveraceae）罂粟属（*Papaver*）

幼苗

形态特征：一至二年生草本，高达80cm。叶卵形或长卵形，长7～25cm，先端渐尖或钝，基部心形，具不规则波状齿，被白粉，叶脉稍突起；下部叶具短柄，上部叶无柄抱茎。花单生茎枝顶端。花梗长达25cm，无毛，稀疏被刚毛；萼片2，宽卵形，边缘膜质；花瓣4，近圆形或近扇形，长4～7cm，浅波状或分裂，白、粉红、红、紫或杂色；雄蕊多数，花丝线形，白色，花药淡黄色；子房径1～2cm，无毛，柱头（5～）8～12（～18），辐射状连成扁平盘状体，盘缘深裂，裂片具细圆齿。蒴果球形或长圆状椭圆形，长4～7cm，无毛，褐色。种子黑或灰褐色，种皮蜂窝状。花果期3～11月。

分布：原产于南欧，我国许多地区有关药物研究单位有栽培。印度、缅甸、老挝及泰国北部也有栽培。

应用价值：未成熟果实含乳白色浆液，制干后即为鸦片。浆液和果壳均含吗啡、可待因、罂粟碱等多种生物碱，可加工入药。种子榨油可供食用。

涉案类型：常见于非法种植毒品原植物罪和非法买卖、运输、携带、持有毒品原植物种子、幼苗罪，偶见于非法生产、买卖、运输制毒物品、走私制毒物品罪和生产、销售有毒、有害食品罪。

近缘种：虞美人（*Papaver rhoeas*），植株被刚毛；茎分枝，常多花；茎生叶不抱茎，羽状分裂；花丝紫红或深紫色。常见栽培观赏，容易被误认为罂粟。

花

种子

雌雄蕊

重瓣品种

果实

涉案检材

虞美人幼苗

茎生叶

花蕾

花

植株

大麻（*Cannabis sativa*）

大麻科（Cannabaceae）大麻属（*Cannabis*）

雌花枝

形态特征：一年生直立草本，高 1 ～ 3m。枝具纵沟槽，密生灰白色贴伏毛。叶掌状全裂，裂片披针形或线状披针形，长 7 ～ 15cm，中裂片最长，先端渐尖，基部狭楔形，表面深绿，微被糙毛，背面幼时密被灰白色贴状毛后变无毛，边缘具向内弯的粗锯齿，中脉及侧脉在表面微下陷，背面隆起；叶柄长 3 ～ 15cm，密被灰白色贴伏毛；托叶线形。雄花序长达 25cm；花黄绿色，花被 5，外面被细伏贴毛，雄蕊 5，花丝极短，花药长圆形；雌花绿色，花被 1，紧包子房，子房近球形，外面包于苞片。瘦果为宿存黄褐色苞片所包，果皮坚脆，表面具细网纹。花期 5 ～ 6 月，果期为 7 月。

分布：原产于不丹、印度和中亚细亚，现各国均有野生或栽培。我国各地也有栽培或沦为野生。新疆常见野生。

应用价值：茎皮纤维长而坚韧，可用于织麻布或纺线，制绳索，编织渔网和造纸。种子榨油，含油量30％，可供做油漆、涂料等，油渣可作饲料。果实中医称"火麻仁"或"大麻仁"，可入药。花称"麻勃"，主治恶风、经闭、健忘。果壳和苞片称"麻黄"，有毒，治劳伤、破积、散脓，多服令人发狂。叶含麻醉性树脂，可以配制麻醉剂。

涉案类型：常见于非法种植毒品原植物罪和非法买卖、运输、携带、持有毒品原植物种子、幼苗罪，偶见于非法生产、买卖、运输制毒物品、走私制毒物品罪。

叶

涉案检材

雄花序

雄花序

果枝

涉案检材

种子

古柯（*Erythroxylum novogranatense*）

古柯科（Erythroxylaceae）古柯属（*Erythroxylum*）

涉案检材

形态特征：灌木或小灌木。树皮褐色。单叶互生，表面绿色，干后墨绿色或榄绿色，背面浅黄色，干后灰色或灰黄色，倒卵形或狭椭圆形，长 12 ～ 47mm，顶部钝圆，微凹入，中有一小凸尖，基部狭渐尖，全缘，表面主脉凹陷，背面主脉的两侧各有纵脉 1 条，两侧纵脉外的叶脉相连成网状；叶柄长 4 ～ 7mm；托叶三角形，长 1.5 ～ 3mm。花小，黄白色，1 ～ 6 朵，单生或簇生于叶腋内；萼片 5，基部合生成环状；花瓣 5，卵状长圆形，长 3 ～ 3.5mm，内面有 2 枚长 1 ～ 1.5mm 的舌状体贴生于基部。花柱 3，分离，长 1 ～ 3mm，宿存。成熟核果红色，长圆形，有 5 条纵棱，长 7 ～ 8mm，宽 3mm，顶部渐尖，有种子 1 枚。全年开花，盛花期常为 2 ～ 3 月，果期 5 ～ 12 月。

分布：我国以海南引种较多，台湾和云南也有栽培。原产于南美洲高山地区，平地也可生长。

应用价值：叶味涩，微苦，温，为兴奋剂和强壮剂，用以解除疲劳。由叶提取出的古柯碱，为重要的局部麻醉药物。本种亦为毒品海洛因的原植物。

涉案类型：偶见于非法生产、买卖、运输制毒物品、走私制毒物品罪。

恰特草（*Catha edulis*）

卫矛科（Celastraceae）巧茶属（*Catha*）

涉案检材

　　形态特征：灌木，高1～5m。小枝密生细小白点状皮孔。叶对生，厚纸质或薄革质，椭圆形或窄椭圆形，长4～7cm，先端短钝渐尖，基部窄楔形稍下延，边缘有明显密生钝锯齿；叶柄长3～8mm。聚伞花序单生叶腋，较短小，长宽均为1.5～2cm；花小，直径3～5mm，白色；花萼5，三角卵形；花瓣5，长方窄卵形或窄长圆形，贴生于花盘外侧；花柱短，柱头3裂。蒴果橙红色，圆柱状，长约8mm。种子黑褐色，有极细点纹，窄长倒卵状，长3～4mm；假种皮橙红色，包围种子下半部，并向下延伸，长达3mm，呈单翅状。

　　分布：原产于热带非洲，埃塞俄比亚及阿拉伯半岛国家有栽培。在我国海南兴隆及广西南宁有引种。

　　应用价值：用叶制茶或酿酒。其茎叶含有天然安非他命，咀嚼时其中含有的令人兴奋的成分对人体中枢神经具有刺激作用，使人上瘾，是一种软性毒品。

　　涉案类型：常见于非法生产、买卖、运输制毒物品、走私制毒物品罪。

花

涉案检材

枝叶

花枝

草麻黄 (*Ephedra sinica*)

麻黄科 (Ephedraceae) 麻黄属 (*Ephedra*)

果枝

形态特征：草本状灌木，高 20～40cm。木质茎短或成匍匐状，小枝直伸或微曲，表面细纵槽纹，常不明显。节间长 2.5～5.5cm，径约 2mm。叶 2 裂，鞘占全长的 1/3～2/3，裂片锐三角形，先端急尖。雄球花多成复穗状，常具总梗，苞片通常 4 对；雌球花单生，在幼枝上顶生，在老枝上腋生，常在成熟过程中基部有梗抽出，使雌球花呈侧枝顶生状，卵圆形或矩圆状卵圆形，苞片 4 对，雌球花成熟时肉质红色，矩圆状卵圆形或近于圆球形。种子通常 2 枚，包于苞片内，不露出或与苞片等长，黑红色或灰褐色，三角状卵圆形或宽卵圆形。花期 5～6 月，种子 8～9 月成熟。

分布：产于辽宁、吉林、内蒙古、河北、山西、河南西北部及陕西。适应性强，习见于山坡、平原、干燥荒地、河床及草原等处，常组成大面积的单纯群落。

应用价值：为重要的药用植物，生物碱含量丰富，仅次于木贼麻黄。木质茎少，易加工提炼。由于常生于平原、山坡、河床、草原等处，故易于采收，因此在药用上所用的数量往往较木贼麻黄多，为我国提制麻黄碱的主要植物。

涉案类型：偶见于非法种植毒品原植物罪和非法生产、买卖、运输制毒物品、走私制毒物品罪。

雄花

果实

生境

雄花

植株

枝叶

涉案检材

第三部分

CITES 公约附录植物

《濒危野生动植物种国际贸易公约》（英文名：The Convention on International Trade in Endangered Species of Wild Fauna and Flora，简称 CITES），是 1963 年世界自然保护联盟（IUCN）成员会议通过的一项决议的结果。1973 年 3 月 3 日，80 个国家的代表在美国首都华盛顿签署了《濒危野生动植物种国际贸易公约》（又称《华盛顿公约》），1975 年 7 月 1 日该公约正式生效，中国于 1981 年正式加入公约。截至 2023 年有 183 个缔约国。

CITES 的精神在于管制而非完全禁止野生物种的国际贸易，用物种分级与许可证的方式，以达成野生物种市场的永续利用性。CITES 通过制定监管物种的附录、实行进出口许可证管理制度、推动国家履约立法和执法、对违约方实施制裁等措施规范野生动植物国际贸易活动，以达到保护野生动植物资源和实现可持续发展的目的。该公约管制国际贸易的物种可归类成三项附录：

附录 I 的物种为若再进行国际贸易会导致灭绝的动植物，明确规定禁止其国际性的交易，只有在特殊情况下才允许买卖这些物种的标本。

附录 II 的物种则为不一定面临灭绝威胁的物种，但必须对其贸易加以控制，以避免与其生存不符的利用。若仍面临贸易压力，族群量继续降低，则将其升级入附录 I。

附录 III 是各国视其国内需要，区域性管制国际贸易的物种。包含至少在一个国家受保护的物种，该国已要求其他 CITES 缔约方协助控制贸易。

缔约方大会是 CITES 的最高决策机构，每两至三年召开一次，主要任务是讨论各缔约方提交的附录修订提案，调整贸易管制范围；讨论 CITES 执行中遇到的问题，制订修订决议决定；选举缔约方大会下设的常务委员会、动物委员会、植物委员会的成员等。因而执法人员在执法时，应根据缔约方大会最新修订的附录作为参考依据。

在我国，非法走私 CITES 附录植物案件时有发生。本章节以办案机关常涉案的 CITES 附录为研究对象，通过生物形态、涉案形态等图片重点展示介绍了豆科、龙舌兰科、仙人掌科、兰科等常见涉案 CITES 附录植物，以期为办案机关识别常涉案 CITES 附录植物、打击犯罪提供依据。

笹之雪（*Agave victoriae-reginae*）

龙舌兰科（Agavaceae）龙舌兰属（*Agave*）

涉案检材

保护现状：CITES 附录 II 植物。

形态特征：多年生肉质叶草本植物，茎不明显。三角形的肉质叶以莲座状排列丛生于短缩的茎干上，成株株径约 40cm；叶较多，大型的栽培种叶片可达上百枚，先端较细，三棱形，腹面扁平；叶缘无刺，生于叶片末端短而坚硬的刺呈黑色或灰黑色，沿叶缘下端有白色条纹；叶背圆形呈微龙骨突起，长 10～30cm，厚肉质硬，深绿色，叶端有 0.3～0.5cm 长的硬刺，主刺两边有时有 2 个较小的刺，叶片上有特殊的不规则白色花纹；叶缘及叶背突起上有特殊的白色角质膜状物或丝状物。花序为松散的圆锥花序，高 1.5～4m；小花淡绿或黄绿色，径长5cm。

分布：原产于墨西哥东北部与南部的干旱、低海拔地区及山谷。常生长在石灰岩的峡谷坡壁上，与凤梨科的沙漠凤梨及仙人掌混生。

应用价值：在原生地除作为制作纤维及酒的材料外，叶片可供鲜食、炒食，花丝经烧烤或烹煮后亦可食用。可置于室内案几、书桌上观赏，也可以用于布置沙漠、城市景观或庭园、公共绿地，可作盆栽或高档的观叶花卉。

涉案类型：常见于走私国家禁止进出口的货物、物品罪。

植株正面

植株侧面

叶

植株

涉案检材

彩叶品种

姬乱雪（*Agave parviflora*）
龙舌兰科（Agavaceae）龙舌兰属（*Agave*）

植株正面

植株侧面

保护现状：CITES 附录Ⅰ植物。

形态特征：植株呈莲座状，株幅15cm，主茎不明显。叶尖硬，狭披针形，长10cm，宽1.2cm，叶先端有灰褐色刺，叶暗绿色，叶面有不规则的白色纵线条，叶缘角质有白色下垂的细丝，偶有稀疏的齿。穗状花序高1～1.5m，花黄或黄绿色。

分布：原产于墨西哥、美国西南部。

应用价值：莲座状叶片翠绿，叶面布满白色线纹，边缘密生白色细丝，株形小巧秀气，叶缘下垂的白丝非常美丽。观赏价值较高，可作盆栽观赏。

涉案类型：常见于走私国家禁止进出口的货物、物品罪。

非洲霸王树（*Pachypodium lamerei*）
夹竹桃科（Apocynaceae）棒槌树属（*Pachypodium*）

植株

枝叶

茎干

保护现状：棒锤树属所有种均属附录 II 植物。

形态特征：茎干肥大挺拔，圆柱形，褐绿色，密生 3 枚一簇的银灰色的硬刺，较粗短，长 2～6cm。茎顶丛生翠绿色长广线形叶片，尖头，叶柄及叶脉淡绿色。花白色，中央黄色，直径 5～8cm，有清香，开花期多在春季至早夏。

分布：原产于非洲马达加斯加岛西南部的热带地区。

应用价值：多肉植物中的珍稀品种，适应性强，株形奇特，具有较高的观赏价值。

涉案类型：常见于走私国家禁止进出口的货物、物品罪。

酒瓶兰（*Beaucarnea recurvata*）

天门冬科（Asparagaceae）酒瓶兰属（*Beaucarnea*）

植株

枝叶

茎干

保护现状： 酒瓶兰属所有种均属 CITES 附录 II 植物。

形态特征： 常绿小乔木或灌木。茎干直立，下部肥大，状似酒瓶。茎干具有厚木栓质树皮，灰白色或褐色，龟裂似龟甲。叶丛生干顶，细长线形，长达 2m，柔软而下垂，全缘或有细齿。圆锥花序大型，花色乳白。

分布： 产于墨西哥北部及美国南部。

应用价值： 叶簇婆娑，是著名的观叶植物，常盆栽观赏。华南地区可露地栽培。

涉案类型： 常见于走私国家禁止进出口的货物、物品罪。

龟甲牡丹（*Ariocarpus fissuratus*）

仙人掌科（Cactaceae）岩牡丹属（*Ariocarpus*）

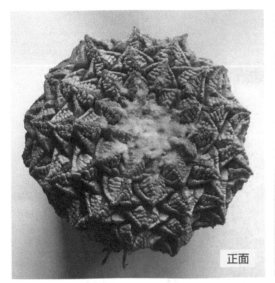

正面

侧面

植株

保护现状：岩牡丹属所有种均属 CITES 附录 I 植物。

形态特征：根为短粗的肉质直根。茎扁平呈倒圆锥状，具钝圆、先端尖、灰绿色的疣状突起，上表面皱裂成纵沟，纵沟处密生短绵毛，整体呈莲座状。花顶生，钟状，粉红色或淡紫红色，长 3.5 ～ 4.0cm，艳丽夺目，且常数朵同时开放，昼开夜闭。

分布：原产于美国德克萨斯西南部和墨西哥北部地区。

应用价值：称为"活的岩石"，生长极其缓慢，常作盆栽观赏，植物园及科研院所有引种栽培。

涉案类型：偶见于走私国家禁止进出口的货物、物品罪。

欣顿龟甲牡丹（*Ariocarpus fissuratus* subsp. *hintonii*）

仙人掌科（Cactaceae）岩牡丹属（*Ariocarpus*）

涉案检材

保护现状：岩牡丹属所有种均属 CITES 附录 I 植物。

形态特征：植株单生或丛生，呈垫状生长，单个球体直径 10 ～ 15cm，顶部扁平，被有浓厚的白色或黄白色茸毛。表皮具厚实而坚硬的三角形疣突，疣突表面呈灰绿色至褐绿色，皱裂成不规则的沟，正中间一条纵沟一直伸到疣的腋部，并具短绵毛。花顶生，钟状，粉红色，长 3.5 ～ 4cm。

分布：原产于墨西哥。

应用价值：全株常作盆栽观赏，一些大型植物园及科研院所有少量引种栽培。

涉案类型：偶见于走私国家禁止进出口的货物、物品罪。

正面

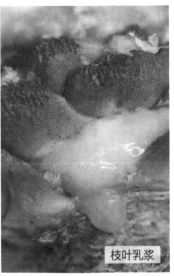

枝叶乳浆

疣突

嫁接植株

侧面

花

龙舌兰牡丹（*Ariocarpus agavoides*）

仙人掌科（Cactaceae）岩牡丹属（*Ariocarpus*）

涉案检材

保护现状：岩牡丹属所有种均属 CITES 附录 I 植物。

形态特征：全株绿褐色，在原生地仅疣顶与地面水平，植株顶部平直，高 2～6cm，直径 4～8cm。疣状突起扁平三角形，长 4cm，宽 0.6cm，很像龙舌兰的叶子，植株则像龙舌兰的幼苗。疣往往平坦而不是直立，不拥挤，较尖锐；表皮起初深绿后灰绿，有很厚的角质层。刺座着生在疣突顶尖下方 1cm 处，具很厚的短绵毛，起初有 1～3 根浅黄刺，长仅 0.3～0.5cm，不久脱落。花直径 3.5～4.2cm，内层花瓣长 25mm；外层花洋红与绿色相间，长 15～20mm，宽 4～5.5mm。果实粉红色，球形。

分布：原产于墨西哥，在原产地已经灭绝。

应用价值：本种株形奇特，酷似小型龙舌兰，但开花硕大且颜色鲜艳，是爱好者热衷收集的对象，可作盆栽观赏。

涉案类型：偶见于走私国家禁止进出口的货物、物品罪。

肉质根

毛被

正面

茎突

侧面

黑牡丹（*Ariocarpus kotschoubeyanus*）

仙人掌科（Cactaceae）岩牡丹属（*Ariocarpus*）

正面

侧面

保护现状：岩牡丹属所有种均属 CITES 附录 I 植物。

形态特征：株高 3～8cm，株幅 5～8cm，株体呈莲座状，具肉质直根。茎球形，扁平似陀螺状，具三角形或棱柱形像石头似的疣状突起，中间具沟，沟槽间附生短茸毛。花顶生，漏斗状，昼开夜闭，有白色、粉色、黄色、紫色、红色等。浆果卵圆形，绿色。种子黑色。花期秋季至冬季。

分布：墨西哥东北部。

应用价值：全株常作盆栽观赏。

涉案类型：偶见于走私国家禁止进出口的货物、物品罪。

岩牡丹（*Ariocarpus retusus*）

仙人掌科（Cactaceae）岩牡丹属（*Ariocarpus*）

植株

保护现状：岩牡丹属所有种均属 CITES 附录 I 植物。

形态特征：多年生草本多浆植物。植株球形或呈扁平的莲座状，灰绿色，球体表面被白粉。球体上有三角形疣状突起，上部扁平或微凹，无龟裂；刺座很小，着生在疣状突起上；球体顶端及疣状突起之间长有白色绵毛。在球顶绵毛丛中开花，花长 4cm，花径 5cm，花白色，少数花红色；花期夏季。浆果光滑。种子黑色。

分布：原产于墨西哥北部干旱贫瘠石灰石沙砾地区。中国引种，各地普遍栽培。

应用价值：岩牡丹为岩牡丹属中仙人掌类植物的代表种，有"活的岩石"之称。为常见栽培的小型盆栽仙人掌类观赏植物。岩牡丹形似岩石，疣突重叠，形状奇特，栽培较多，适合家庭盆栽和植物园展览栽培。

涉案类型：偶见于走私国家禁止进出口的货物、物品罪。

三角牡丹（*Ariocarpus trigonus*）

仙人掌科（Cactaceae）岩牡丹属（*Ariocarpus*）

植株

保护现状：岩牡丹属所有种均属 CITES 附录 I 植物。

形态特征：植株呈黄绿色，略高于地面，球形，顶部圆形，高 5～25cm，直径 4～30cm。长三角形疣突暗绿色，疣背呈很明显的龙骨凸，顶端尖锐，正面光滑，强烈弯曲，长 3～8cm，宽 1～2.5cm，通常长是宽的 2 倍。花黄色，秋季开放。

分布：原产于墨西哥。

应用价值：全株常作盆栽观赏。

涉案类型：偶见于走私国家禁止进出口的货物、物品罪。

蔷薇丸（*Turbinicarpus valdezianus*）

仙人掌科（Cactaceae）姣丽球属（*Turbinicarpus*）

涉案检材

侧面

软刺

保护现状：CITES 附录 I 植物。

形态特征：植株球形或长球形。初单生，多年生会长成双头或多头的群生状。株高 2 ～ 4cm，株幅 1.5 ～ 3.5cm。具有粗大直根。茎表皮蓝绿色，棱被四角形的疣突分割，呈螺旋状排列，疣突顶端刺座着生白色细发状软刺，呈放射状排列，十分美丽，几乎覆盖整个球体。花顶生，漏斗状，深粉红色。

分布：原产于墨西哥。

应用价值：蔷薇球植株玲珑小巧，覆盖着白色细刺，非常干净，与鲜艳的花朵相得益彰。适合用小盆栽种，陈设于窗台、阳台等处，精巧雅致，很有特色。

涉案类型：偶见于走私国家禁止进出口的货物、物品罪。

乌羽玉（*Lophophora williamsii*）

仙人掌科（Cactaceae）乌羽玉属（*Lophophora*）

涉案检材

保护现状：CITES 附录 II 植物。

形态特征：老株丛生，萝卜状肉质根。球体扁球形或球形，表皮暗绿色或灰绿色。株高 5～8cm，棱垂直或呈螺旋状排列，顶部多茸毛，刺座有白色或黄白色茸毛；小花钟状或漏斗形，淡粉红色至紫红色。浆果粉红色，棍棒状，有 10 余枚黑色种子。乌羽玉的品种很多，常见的有：仔吹乌羽玉，球体较小，易生仔球，常丛生；白花乌羽玉，球体较大，多棱，花白色；乌羽玉冠，也称乌羽玉缀化，植株扭曲生长，呈鸡冠状；乌羽玉锦，斑锦变异品种，球体有不规则的黄色或白色斑块，有时整体呈白色或黄色；还有五棱乌羽玉、多棱乌羽玉、大型乌羽玉、有刺乌羽玉、长毛乌羽玉等。

分布：原产于墨西哥中部和美国得克萨斯州的荒漠地区，喜温暖、干燥和阳光充足的环境，怕积水，耐干旱和半阴，生境要求有较大的昼夜温差。

应用价值：乌羽玉有治疗牙痛、分娩疼痛、发热、胸痛、皮肤病、风湿、糖尿病、感冒及失明的功效。乌羽玉具有致幻作用，咀嚼初有一种苦味儿，让人恶心，接着却会给人一种飘飘欲仙的感觉。服下乌羽玉茶后，食用人会见到种种难以描述的光怪陆离的景象，让人产生幻觉。

涉案类型：偶见于走私国家禁止进出口的货物、物品罪。

嫁接苗

果实

花

肉质根

植株正面

嫁接苗

巨鹫玉（*Ferocactus horridus*）

仙人掌科（Cactaceae）强刺球属（*Ferocactus*）

果实

花

植株

植株

保护现状：CITES 附录 II 植物。

形态特征：植株初始为短圆筒形，长大后呈短圆柱状。体色青绿色，表皮坚厚。球径 30cm 左右，高 80～100cm，具 13 个脊高且薄的棱，棱峰上的刺座大又突出。白色刚毛状的周刺 10～12 枚，中刺 4 枚，中间 1 枚主刺呈扁锥形，有环纹，末端具钩；新刺红褐色，老刺褐灰色。春末夏初顶生橙黄色钟状花，具红色中脉。果实柠檬黄色，种子黑亮。

分布：原产于墨西哥。

应用价值：盆栽适合门庭、入口处点缀，别有风情。也可在商场橱窗、精品柜处装饰。

涉案类型：偶见于走私国家禁止进出口的货物、物品罪。

帝冠（*Obregonia denegrii*）
仙人掌科（Cactaceae）帝冠属（*Obregonia*）

植株

保护现状：CITES 附录 I 植物。

形态特征：灰绿色三角形叶状疣突，在茎部螺旋排列成莲座状；疣突背面有龙骨突；疣基部宽 1.5 ～ 2.5cm，长 1 ～ 1.5cm，肉质坚硬；刺座在疣突顶端，新刺座上有短绵毛；一般刺座长有刺 2 ～ 4 枚，刺较小，长 1 ～ 1.5cm，刺细针状稍内弯，黄白色，早落。老株刺更易脱落，球体下部的疣状突起也易枯萎或脱落，形成树皮状的皱纹。花顶生，短漏斗状，花径 2.3 ～ 3.5cm，花白色或白色略带粉红色。子房花托筒裸露。白色浆果棍棒状，起初埋在顶部茸毛中，成熟后突然伸出。种子黑色梨形。

分布：原产于墨西哥。

应用价值：全株常作盆栽观赏，适用于室内书桌、案头或茶几上摆设，由于株形很像僧帽，使居室显得自然活泼。

涉案类型：偶见于走私国家禁止进出口的货物、物品罪。

菊水（*Strombocactus disciformis*）

仙人掌科（Cactaceae）鳞茎玉属（*Strombocactus*）

侧面

正面

刺座及刺

保护现状：CITES 附录 I 植物。

形态特征：植株球形。株高 12～15cm，株幅 12～15cm。茎单生，肉质坚硬，表面灰绿色，12～18棱，被棱状疣突所分割，每个疣突的中心有一个白色刺座，着生1～5枚白色毛状周围刺，没有中刺。花漏斗状，白色或淡黄色，花径3cm。

分布：原产于墨西哥。

应用价值：全株常作盆栽观赏，置于案头、书桌或博古架，有很高的收藏价值。

涉案类型：偶见于走私国家禁止进出口的货物、物品罪。

白斜子（*Mammillaria pectinifera*）

仙人掌科（Cactaceae）乳突球属（*Mammillaria*）

正面

白斜子

涉案检材

侧面

保护现状：CITES 附录Ⅰ植物。

形态特征：非常小的球形种类，植物单生，直径 1 ~ 3cm。球体密被白刺，刺伤后有白色乳汁流出；刺 20 ~ 40 枚，长 0.2cm，排列成蓖齿状。花朵小，黄色，着生在球体侧方疣状突起的腋部。果小。种子黑色。

分布：原产于墨西哥。

应用价值：全株常作盆栽观赏。

涉案类型：偶见于走私国家禁止进出口的货物、物品罪。

习志野（*Tephrocactus geometricus*）

仙人掌科（Cactaceae）武士掌属（*Tephrocactus*）

侧面

应用

植株

保护现状：CITES 附录 Ⅱ 植物。

形态特征：球体非常像哈根达斯冰激凌球垒起来，皮色呈灰绿色、蓝色，在阳光充足的情况下，会变成红紫色。棘刺比较细，长 2 ～ 5mm，贴服并向下。

分布：生长缓慢，每年只长一个或者极少数的小球。分布于阿根廷（卡塔马卡）和玻利维亚边境。

应用价值：全株常作盆栽观赏。

涉案类型：偶见于走私国家禁止进出口的货物、物品罪。

铁甲球（*Euphorbia bupleurifolia*）

大戟科（Euphorbiaceae）大戟属（*Euphorbia*）

保护现状：CITES 附录 Ⅱ 植物。

形态特征：矮生常绿多肉植物。株高 20cm，株幅 8cm。茎干卵圆形至短圆筒形，鳞片状突起呈螺旋排列，形似苏铁。叶片多长卵形，数轮丛生于茎的顶端，叶面淡绿色，长 15cm。杯状聚伞花序，花单生，苞片先绿色后变红色。

分布：原产于南非。

应用价值：铁甲球又名苏铁大戟、铁甲麒麟，是大戟科肉质植物中的名贵种类，形态十分奇特。植物园可作为标本陈列，也适合部分爱好者栽培欣赏。

涉案类型：偶见于走私国家禁止进出口的货物、物品罪。

檀香紫檀（*Pterocarpus santalinus*）

豆科（Fabaceae）紫檀属（*Pterocarpus*）

叶正面　　叶背面　　枝条　　树皮

保护现状：CITES 附录 Ⅱ 植物。

形态特征：乔木。树干通直，少大枝桠。树皮深褐色，深裂成长方形薄片。树液流出很快变为深红色。小枝被灰色柔毛。小叶 3～5 片，稀有 6～7 片，椭圆形或卵形，长 9～15cm，先端微凹，基部圆，背面密被细毛；侧脉 10 对以上，网脉明显。花黄色或带黄色条纹。果圆形，周围具翅，径 3～5cm。

分布：原产于印度、泰国、马来西亚及越南。我国广东、广西、云南、海南及台湾均少量引种栽培。喜光，不耐阴，耐干热气候，湿润肥沃和高温气候可速生。

应用价值：边材白色，心材紫红黑色或紫红色，具斑纹、硬重，抗白蚁和其他虫害，通常不需防腐处理。供高级家具、乐器、工具柄、细木工及雕刻等用。

涉案类型：常见于走私国家禁止进出口的货物、物品罪。

涉案检材

锯末

横切面

横切面

荧光现象

应用

兜兰属（*Paphiopedilum*）

兰科（Orchidaceae）

植株

保护现状：兜兰属植物均属 CITES 附录 I 植物。

形态特征：地生、半附生或附生草本。根状茎不明显或罕有细长而横走，具稍肉质而被毛的纤维根。茎短，包藏于两列的叶基内。叶基生，数枚至多枚，对折；叶片带形、狭长圆形或狭椭圆形，两面绿色或正面有深浅绿色方格斑块或不规则斑纹，背面有时有淡红紫色斑点或浓密至完全淡紫红色，基部叶鞘互相套叠。花葶从叶丛中长出，长或短，具单花或较少有数花或多花；花大而艳丽，有种种色泽；花瓣形状变化较大，匙形、长圆形至带形，向两侧伸展或下垂；唇瓣深囊状，球形、椭圆形至倒盔状，基部有宽阔而具内弯边缘的柄或较少无柄，囊口常较宽大，口的两侧常有直立而呈耳状并多少有内折的侧裂片，较少无耳或整个边缘内折，囊内一般有毛；果实为蒴果。

分布：共约 66 种，分布于亚洲热带地区至太平洋岛屿。

应用价值：花比较雅致，色彩比较庄重，花瓣带有不规则斑点或条纹，适合观赏。

涉案类型：偶见于走私国家禁止进出口的货物、物品罪。

第四部分

其他常见涉案植物

在我国，除国家重点保护的野生植物、毒品原植物、CITES 附录植物外，一些具有观赏价值、经济价值、科研价值等的其他植物也常出现在涉案植物行列，植物盗窃案件、盗采案件、盗伐案件、走私案件时有发生。这些植物因未被列入保护名录，经济价值高，办案机关没有执法依据等原因而受到严重的破坏。

一些具有极高观赏价值的野生植物，虽自然分布广泛，但因不法分子的疯狂盗采、盗挖，造成野生资源急剧减少。如野生的杜鹃花、满山红等，因花色艳丽、绮丽多姿等观赏特性，是盆景及园林绿化的优良材料，市场价值较高，需求量大，在一些大型花卉市场、网上交易平台都能找到这类植物的下山苗；老鸦柿、雀梅藤、侧柏等野生大树老桩是优良的桩景材料，野生采挖成本低，经人工培育后，盆景价格翻倍，因而这类植物的野生资源在其分布地一直存在非法盗采、盗挖的现象。

植物在满足人民日益增长的美好生活需要方面发挥了重要作用，但也存在矛盾。一些国外有产的名贵盆景、古树受到一些商贩的青睐，如日本五针松、黑松、木樨榄等原产自国外的苗木老桩、盆景，动辄几十万元、数百万元，一些不法商贩为追求经济利益，不惜代价非法走私这类植物，给我国的生物安全带来了隐患。

除此以外，一些用于城市园林绿化、私家庭园的名贵花木，常常受到不法分子的觊觎，植物类盗窃案件时有发生，增加了公安机关的执法负担和难度。

其他涉案植物中的一些种类，目前在执法打击时，受基层专业能力、执法依据等种种原因限制，存在犯罪成本低、打击困难等现象。为有针对性的保护此类植物，打击犯罪，本章节选取办案中常见于盗窃案件、盗采案件、盗伐案件、走私案件中的其他植物，以期为这类植物的执法保护提供依据。

卷柏（*Selaginella tamariscina*）

卷柏科（Selaginellaceae）卷柏属（*Selaginella*）

生境 生境 植株 叶 应用

形态特征：复苏植物，呈垫状。根托只生于茎的基部，根多分叉，密被毛，和茎及分枝密集形成树状主干。主茎自中部开始羽状分枝或不等二叉分枝，不呈"之"字形，无关节，禾秆色或棕色，不分枝的主茎高 10 ～ 20（～ 35）cm，茎卵圆柱状，不具沟槽，光滑；侧枝 2 ～ 5 对，二至三回羽状分枝，小枝稀疏，规则，分枝无毛，背腹压扁，末回分枝连叶宽 1.4 ～ 3.3mm。叶全部交互排列，二形，叶质厚，表面光滑，边缘不为全缘，具白边，主茎上的叶较小枝上的略大，覆瓦状排列，绿色或棕色，边缘有细齿。孢子叶穗紧密，四棱柱形，单生于小枝末端；孢子叶一型，卵状三角形，边缘有细齿，具白边（膜质透明），先端有尖头或具芒。

分布：产于安徽、北京、重庆、福建、贵州、广西、广东、海南、湖北、湖南、河北、河南、江苏、江西、吉林、辽宁、内蒙古、青海、陕西、山东、四川、台湾、香港、云南、浙江。土生或石生，常见于石灰岩上，海拔（60 ～）500 ～ 1500（～ 2100）m。俄罗斯西伯利亚、朝鲜半岛、日本、印度和菲律宾也有分布。

应用价值：该种既可观赏，又可药用。姿态优美，易栽培，可作盆栽或配置成山石盆景观赏。

涉案类型：卷柏又名九死还魂草，因其药用价值，存在非法盗采、盗挖现象，偶见于盗窃罪。

狗脊（*Woodwardia japonica*）

乌毛蕨科（Blechnaceae）狗脊属（*Woodwardia*）

生境

羽叶侧面

鳞片

孢子囊

　　形态特征：根茎粗壮，横卧，暗褐色，与叶柄基部密被全缘深棕色披针形或线状披针形鳞片。叶近生，叶柄暗棕色，坚硬，叶片长卵形，二回羽裂，顶生羽片卵状披针形或长三角状披针形。孢子囊群线形，着生主脉两侧窄长网眼上，不连续，单行排列；囊群盖同形，宿存。

　　分布：广布于长江流域以南各地，生于疏林下。朝鲜南部和日本也有分布。

　　应用价值：我国应用已久的中药，早在《神农本草经》中已有记载。其叶形美观，株形优美，在园林中可作为阴生地被植物应用，或在墙角、假山和水池边丛植点缀。

　　涉案类型：因根茎处密生棕色鳞片，偶见于冒充金毛狗用于观赏，常见于盗窃罪。

槲蕨（*Drynaria roosii*）

水龙骨科（Polypodiaceae）槲蕨属（*Drynaria*）

生境

形态特征：通常附生岩石上，匍匐生长，或附生树干上，螺旋状攀缘。根状茎直径 1～2cm，密被鳞片；鳞片斜升，盾状着生，边缘有齿。叶二型，基生不育叶圆形，基部心形，浅裂至叶片宽度的 1/3，边缘全缘，黄绿色或枯棕色，厚干膜质，背面有疏短毛。正常能育叶，具明显的狭翅；叶片长 20～45cm，深羽裂到距叶轴 2～5mm 处，裂片 7～13 对，互生，稍斜向上，披针形，长 6～10cm，宽（1.5～）2～3cm，边缘有不明显的疏钝齿，顶端急尖或钝；叶脉两面均明显；叶干后纸质，仅正面中肋略有短毛。孢子囊群圆形，椭圆形，叶片背面全部分布。

分布：产于江苏、安徽、江西、浙江、福建、台湾、海南、湖北、湖南、广东、广西、四川、重庆、贵州、云南。附生树干或石上，偶生于墙缝，海拔 100～1800m。越南、老挝、柬埔寨、泰国北部、印度也有分布。

应用价值：本种植物的根状茎在许多地区作"骨碎补"用，补肾坚骨，活血止痛，治跌打损伤、腰膝酸痛。形态独特，可作观赏植物。

涉案类型：存在非法盗采、盗挖现象，常见于盗窃罪。

应用

不育叶

能育叶

生境

生境

日本五针松（*Pinus parviflora*）

松科（Pinaceae）松属（*Pinus*）

涉案检材

形态特征：常绿乔木，在原产地高达 25m，胸径 1m。幼树树皮淡灰色，平滑，大树树皮暗灰色，裂成鳞状块片脱落。枝平展，树冠圆锥形；1 年生枝幼嫩时绿色，后呈黄褐色，密生淡黄色柔毛。冬芽卵圆形，无树脂。针叶 5 针 1 束，微弯曲，长 3.5～5.5cm，径不及 1mm，边缘具细锯齿，背面暗绿色，无气孔线，腹面每侧有 3～6 条灰白色气孔线；叶鞘早落。球果卵圆形或卵状椭圆形，几无梗，熟时种鳞张开，长 4～7.5cm，径 3.5～4.5cm；种子为不规则倒卵圆形，近褐色，具黑色斑纹，长 8～10mm，径约 7mm，种翅宽 6～8mm，连种子长 1.8～2cm。

分布：原产于日本。我国长江流域各大城市及山东青岛等地已普遍引种栽培，作庭园树或作盆景用。生长较慢。

应用价值：木材可作建筑、家具等用材。四季常青，可作庭园绿化树种。

涉案类型：常见于走私国家禁止进出口的货物、物品罪和盗窃罪。

枝叶

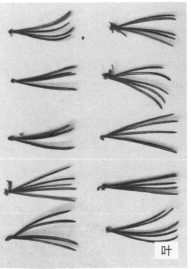

叶

雌球花

应用

应用

雄球花

涉案植株

球果

黑松（*Pinus thunbergii*）

松科（Pinaceae）松属（*Pinus*）

应用

形态特征：乔木，高达30m，胸径可达2m。幼树树皮暗灰色，老则灰黑色，粗厚，裂成块片脱落。枝条开展，树冠宽圆锥状或伞形；1年生枝淡褐黄色，无毛。冬芽银白色，圆柱状椭圆形或圆柱形。针叶2针1束，深绿色，有光泽，粗硬，长6～12cm，径1.5～2mm，边缘有细锯齿，背腹面均有气孔线。雄球花淡红褐色，聚生于新枝下部；雌球花单生或2～3个聚生于新枝近顶端，直立，有梗，卵圆形，淡紫红色或淡褐红色。球果成熟前绿色，熟时褐色，圆锥状卵圆形或卵圆形，长4～6cm，径3～4cm，有短梗，向下弯垂。种子倒卵状椭圆形，种翅灰褐色，有深色条纹。

分布：原产于日本及朝鲜南部海岸地区。我国大连、山东沿海地带和蒙山山区以及武汉、南京、上海、杭州等地有引种栽培。

应用价值：可作建筑、矿柱、器具、板料及薪炭等用材，亦可提取树脂。我国多作庭园观赏树种，也可作我国山东、江苏及浙江沿海地区的造林树种。

涉案类型：常见于走私国家禁止进出口的货物、物品罪和盗窃罪。

顶芽

雄球花

雌球花

未成熟球果

涉案植株

应用

成熟球果

马尾松（*Pinus massoniana*）

松科（Pinaceae）松属（*Pinus*）

生境

形态特征：乔木，高达45m，胸径1.5m。树皮红褐色，下部灰褐色，裂成不规则的鳞状块片。冬芽卵状圆柱形或圆柱形，褐色。针叶2针1束，稀3针1束，长12～20cm，细柔，微扭曲，两面有气孔线，边缘有细锯齿；叶鞘初呈褐色，后渐变成灰黑色，宿存。雄球花淡红褐色，圆柱形，聚生于新枝下部苞腋，穗状；雌球花单生或2～4个聚生于新枝近顶端。球果卵圆形或圆锥状卵圆形，长4～7cm，径2.5～4cm，有短梗，下垂，成熟前绿色，熟时栗褐色，陆续脱落。种子长卵圆形，长4～6mm，连翅长2～2.7cm；子叶5～8枚；长1.2～2.4cm。

分布：产于长江中下游各地，南达福建、广东、台湾北部低山及西海岸，西至四川中部大相岭东坡，西南至贵州贵阳、毕节及云南富宁。越南北部有马尾松人工林。

应用价值：可作建筑、枕木、矿柱、家具及木纤维工业（人造丝浆及造纸）等用材。树干可割取松脂，为医药、化工原料。树干及根部可培养茯苓、蕈类，供中药及食用。树皮可提取栲胶。为长江流域以南重要的荒山造林树种。

涉案类型：分布广，常见于盗伐林木罪。

植株

雌球花

未成熟球果

雄球花

成熟球果

树皮

油松（*Pinus tabuliformis*）

松科（Pinaceae）松属（*Pinus*）

生境

形态特征：常绿乔木，高达 25m，胸径可达 1m 以上。树皮灰褐色或褐灰色，裂成不规则较厚的鳞状块片，裂缝及上部树皮红褐色。冬芽矩圆形，芽鳞红褐色。针叶 2 针 1 束，深绿色，粗硬，长 10～15cm，径约 1.5mm，边缘有细锯齿，两面具气孔线；叶鞘初呈淡褐色，后呈淡黑褐色。雄球花圆柱形，长 1.2～1.8cm，在新枝下部聚生成穗状。球果卵形或圆卵形，长 4～9cm。

分布：为我国特有树种，产于吉林、辽宁、河北、河南、山东、山西、内蒙古、陕西、甘肃、宁夏、青海及四川等地，生于海拔 100～2600m 地带，多组成单纯林。其垂直分布由东到西、由北到南逐渐增高。

应用价值：可作建筑、电杆、矿柱、造船、器具、家具及木纤维工业等用材。树干可割取树脂，提取松节油。树皮可提取栲胶。松节、松针（即针叶）、花粉均供药用。北方常作庭园观赏树种。

涉案类型：偶见于盗伐林木罪和盗窃罪。

应用

顶芽

树皮

未成熟球果

涉案植株

成熟球果

白皮松（*Pinus bungeana*）

松科（Pinaceae）松属（*Pinus*）

应用

形态特征：常绿高大乔木；高达 30m，胸径 3m。主干明显，或从树干近基部分生数干。幼树树皮灰绿色，平滑，长大后树皮裂成不规则块片脱落，内皮淡黄绿色，老树树皮淡褐灰色或灰白色，块片脱落露出粉白色内皮，白褐相间或斑鳞状。冬芽红褐色，卵圆形，无树脂。针叶 3 针 1 束，粗硬，长 5 ～ 10cm，径 1.5 ～ 2mm。球果卵圆形或圆锥状卵圆形，长 5 ～ 7cm，径 4 ～ 6cm，熟时淡黄褐色。种鳞的鳞盾多为菱形，有横脊，鳞脐有三角状短尖刺，尖头向下反曲。种子近倒卵圆形，长约 1cm，灰褐色。

分布：为我国特有树种，产于山西、河南西部、陕西秦岭、甘肃南部及天水麦积山、四川北部江油观雾山及湖北西部等地，生于海拔 500 ～ 1800m 地带。苏州、杭州、衡阳等地均有栽培。

应用价值：心材黄褐色，边材黄白色或黄褐色，纹理直，有光泽，花纹美丽，可作房屋建筑、家具、文具等用材。种子可食。树姿优美，树皮白色或褐白相间，极为美观，为优良的庭园树种。

涉案类型：偶见于盗伐林木罪和盗窃罪。

植株

叶

雄球花

未成熟球果

成熟球果

树皮

柏木（*Cupressus funebris*）

柏科（Cupressaceae）柏木属（*Cupressus*）

植株

形态特征：常绿乔木，高达35m，胸径2m。树皮淡褐灰色，裂成窄长条片。小枝细长下垂，生鳞叶的小枝扁，排成一平面，两面同形，绿色，宽约1mm。鳞叶二型，长1～1.5mm，先端锐尖，中央之叶的背部有条状腺点，两侧的叶对折，背部有棱脊。雄球花椭圆形或卵圆形，雌球花长3～6mm，近球形，径约3.5mm。球果圆球形，径8～12mm，熟时暗褐色；种鳞4对；种子宽倒卵状菱形或近圆形，扁，熟时淡褐色，有光泽，长约2.5mm，边缘具窄翅。

分布：为我国特有树种，分布很广，产于浙江、福建、江西、湖南、湖北西部、四川北部及西部大相岭以东、贵州东部及中部、广东北部、广西北部、云南东南部及中部等地。以四川、湖北西部、贵州栽培最多，生长旺盛，江苏南京等地也有栽培。

应用价值：心材黄褐色，边材淡褐黄色或淡黄色，纹理直，结构细，质稍脆，耐水湿，抗腐性强，有香气，可作建筑、造船、车厢、器具、家具等用材。枝叶可提芳香油；枝叶浓密，小枝下垂，树冠优美，可作庭园树种。柏木生长快，用途广，适应性强，产区人民有栽培的习惯，可作长江以南湿暖地区石灰岩山地的造林树种。

涉案类型：木材冒充崖柏，常见于盗伐林木罪、盗窃罪和诈骗罪。

枝叶

未成熟球果

成熟球果

生境

应用

树皮

刺柏（*Juniperus formosana*）

柏科（Cupressaceae）刺柏属（*Juniperus*）

生境

形态特征：常绿乔木，高达 12m。树皮褐色，纵裂成长条薄片脱落。小枝下垂，三棱形。叶三叶轮生，条状披针形或条状刺形，长 1.2 ～ 2cm，很少长达 3.2cm，先端渐尖具锐尖头，正面稍凹，中脉微隆起，绿色，两侧各有 1 条白色、很少紫色或淡绿色的气孔带，气孔带较绿色边带稍宽，在叶的先端汇合为 1 条；背面绿色，有光泽，具纵钝脊，横切面新月形。雄球花圆球形或椭圆形，长 4 ～ 6mm。球果近球形或宽卵圆形，长 6 ～ 10mm，径 6 ～ 9mm，熟时淡红褐色，被白粉或白粉脱落，间或顶部微张开。

分布：为我国特有树种，产于中国台湾中央山脉、江苏、安徽、浙江、福建、江西、湖北、湖南、陕西、甘肃、青海东、西藏、四川、贵州及云南。其垂直分布带由东到西逐渐升高，在华东为 200 ～ 500m，在湖北西部、陕西南部及四川东部为 1300 ～ 2300m，在四川西部、西藏及云南则为 1800 ～ 3400m 地带，多散生于林中。

应用价值：可作船底、桥柱、桩木、工艺品、文具及家具等用材。刺柏小枝下垂，树形美观，在长江流域各大城市多栽培作庭园树，也可作水土保持的造林树种。

涉案类型：老桩用于观赏盆景，常见于盗窃罪。

枝叶

雄球花

球果

应用

叶正面

树皮

侧柏（*Platycladus orientalis*）

柏科（Cupressaceae）侧柏属（*Platycladu*）

涉案植株

形态特征：乔木，高 20 余米，胸径 1m。树皮薄，浅灰褐色，纵裂成条片。枝条向上伸展或斜展；生鳞叶的小枝细，向上直展或斜展，扁平，排成一平面。叶鳞形，长 1～3cm，先端微钝，小枝中央的叶的露出部分呈倒卵状菱形或斜方形，背面中间有条状腺槽，两侧的叶船形，先端微内曲，背部有钝脊，尖头的下方有腺点。球果近卵圆形，长 1.5～2（～2.5）cm，成熟前近肉质，蓝绿色，被白粉，成熟后木质，开裂，红褐色。种子卵圆形或近椭圆形。

分布：产于内蒙古南部、吉林、辽宁、河北、山西、山东、江苏、浙江、福建、安徽、江西、河南、陕西、甘肃、四川、云南、贵州、湖北、湖南、广东北部及广西北部等地。西藏德庆、达孜等地有栽培。朝鲜也有分布。

应用价值：可供建筑、器具、家具、农具及文具等用材。种子与生鳞叶的小枝入药。老桩用于观赏盆景。常栽培作庭园树。淮河以北、华北地区石灰岩山地、阳坡及平原多选用其造林。

涉案类型：常见于盗窃罪，偶见于危害国家重点保护植物罪。

生境

球果

枝叶

涉案植株

应用

叶

杉木（*Cunninghamia lanceolata*）

柏科（Cupressaceae）杉木属（*Cunninghamia*）

应用

形态特征：常绿乔木，高达30m，胸径可达2.5～3m。树皮灰褐色，裂成长条片脱落，内皮淡红色。冬芽近圆形，有小型叶状的芽鳞，花芽圆球形、较大。叶在主枝上辐射伸展，侧枝之叶基部扭转成二列状，披针形或条状披针形，通常微弯、呈镰状、革质、坚硬，长2～6cm，宽3～5mm，边缘有细缺，先端渐尖，稀微钝，正面深绿色，有光泽，除先端及基部外两侧有窄气孔带，微具白粉或白粉不明显；背面淡绿色，沿中脉两侧各有1条白粉气孔带；老树之叶通常较窄短、较厚，正面无气孔线。雄球花圆锥状，有短梗；雌球花单生或2～3（～4）个集生，绿色，苞鳞横椭圆形，先端急尖，上部边缘膜质，有不规则的细齿，长宽几相等，3.5～4mm。球果卵圆形，长2.5～5cm，径3～4cm；熟时苞鳞革质，棕黄色，三角状卵形，先端有坚硬的刺状尖头。种子扁平，遮盖着种鳞，长卵形或矩圆形。

分布：为我国长江流域、秦岭以南地区栽培最广，生长快、经济价值高的用材树种。

应用价值：栽培地区广，木材优良，用途广，为长江以南温暖地区最重要的速生用材树种。

涉案类型：常见于盗伐林木罪。

树干

雄球花

叶背面

枝叶

植株

球果

树皮

粗榧（*Cephalotaxus sinensis*）

红豆杉科（Taxaceae）三尖杉属（*Cephalotaxus*）

应用

形态特征：灌木或小乔木，高 12（～15）m，树干直径达 1.2mm。树皮带红色，灰色，或者淡灰棕色。叶线形，排列成两列，质地较厚，通常直，稀微弯，长 2～5cm，宽约 3mm，基部近圆形，几无柄，上部通常与中下部等宽或微窄，先端通常渐尖或微急尖，正面中脉明显，背面有两条白色气孔带，较绿色边带宽 2～4 倍，叶肉中有星状石细胞。雄球花 6～7 个聚生成头状，径约 6mm，梗长约 3mm，基部及花序梗上有多数苞片；雄球花卵圆形，基部有 1 苞片，雄蕊 4～11，花丝短，花药 2～4（多为 3）。种子通常 2～5 枚，卵圆形、椭圆状卵圆形或近球形，稀倒卵状椭圆形，长 1.8～2.5cm，顶端中央有一小尖头。

分布：中国特有树种，分布很广，产于江苏南部、浙江、安徽南部、福建、江西、河南、湖南、湖北、陕西南部、甘肃南部、四川、云南东南部、贵州东北部、广西、广东西南部。多数生于海拔 600～2200m 的花岗岩、砂岩及石灰岩山地。

应用价值：粗榧木材坚实，可作农具及工艺等用材。粗榧全株可药用。可作庭园树种。枝叶形态同红豆杉类似，常用于盆景制作。

涉案类型：常见于盗窃罪和诈骗罪。

叶背面

雄球花

雌球花

未成熟种子

成熟种子

树皮

曼地亚红豆杉（*Taxus×media*）

红豆杉科（Taxaceae）红豆杉属（*Taxus*）

应用

形态特征： 常绿灌木，树冠卵形。树皮灰色或赤褐色，有浅裂纹。枝条平展或斜上直立密生，1 年生枝绿色，秋后呈淡红褐色，2～3 年生枝呈红褐色或黄褐色。叶排成不规则的二列或略呈螺旋状，条形，为镰状弯曲，长 1～3cm，宽 0.3～0.4cm，浓绿色，中肋稍隆起，背面灰绿色，有 2 条气孔带。雌雄异株，种子广卵形，长 0.5～0.7cm，径 0.35～0.5cm，生于鲜红色杯状肉质假种皮中，上部稍外露。

分布： 原产于北美洲，美国、加拿大人工种植数量最多。中国、印度、阿根廷、韩国等国均有引种栽培。我国四川、北京、广西、江西、广东、黑龙江、陕西、江苏、浙江和云南等地均有引种栽培。

应用价值： 曼地亚红豆杉由于紫杉醇含量较高，具有独特的抗肿瘤作用。四季常绿，树姿美丽，尤其是在秋季种子成熟时，鲜红色的假种皮包裹着种子，呈现出万绿丛中点点红，红绿相间，十分靓丽。且生长萌发力强、耐修剪、易造型，可修剪为伞形、塔形、球形、柱形等艺术造型，可广泛种植于公园、住宅、庭园、道路、广场及建筑物周围，有较高的城市园林绿化、美化、观赏价值。

涉案类型： 偶见于走私国家禁止进出口的货物、物品罪和盗窃罪。

带种子枝条

应用

种子

枝叶

樟（*Camphora officinarum*）

樟科（Lauraceae）樟属（*Camphora*）

应用

　　形态特征：常绿大乔木，高可达30m，直径可达3m，树冠广卵形。枝、叶及木材均有樟脑气味。树皮黄褐色，有不规则的纵裂。枝条圆柱形，淡褐色，无毛。叶互生，卵状椭圆形，长6～12cm，宽2.5～5.5cm，两面无毛或背面幼时略被微柔毛；具离基三出脉，有时过渡到基部具不显的5脉，中脉两面明显，侧脉及支脉脉腋正面明显隆起，背面有明显腺窝，窝内常被柔毛；叶柄纤细，长2～3cm，腹凹背凸，无毛。圆锥花序腋生。花绿白或带黄色，长约3mm。果卵球形或近球形，直径6～8mm，紫黑色；果托杯状。

　　分布：产于南方及西南各地。常生于山坡或沟谷中，但常有栽培种。越南、朝鲜、日本也有分布，其他各国常有引种栽培。

　　应用价值：木材、根、枝、叶可提取樟脑和樟油，樟脑和樟油供医药及香料工业用。果核含脂肪，含油量约40%，油供工业用。根、果、枝和叶入药。木材可作造船、橱箱和建筑等用材。四季常青，为常见庭园绿化树种。

　　涉案类型：常见于盗窃罪，偶见于危害国家重点保护植物罪。

应用

花

核果

花序

植株

树皮

红楠（*Machilus thunbergii*）

樟科（Lauraceae）润楠属（*Machilus*）

果枝

花

叶背面

树皮

果核

植株

形态特征：常绿乔木。树皮黄褐色。小枝基部具环形芽鳞痕。叶倒卵形或倒卵状披针形，长 5-13cm，先端骤钝尖或短渐钝尖，基部楔形，背面带白粉，正面中脉稍凹下，侧脉不明显；叶柄长 1 ～ 3.5cm。花序顶生或在新枝上腋生，长 5 ～ 12cm，无毛，果扁球形，黑紫色，果柄鲜红色。

分布：产于山东、江苏、浙江、安徽、台湾、福建、江西、湖南、广东、广西。生于山地阔叶混交林中。日本、朝鲜也有分布。

应用价值：可作建筑、家具、小船、胶合板、雕刻等用材。叶可提取芳香油。种子油可制肥皂和润滑油。树皮入药，可选用红楠为用材林和防风林树种，也可作庭园树种。

涉案类型：因叶形似楠木，偶见被误认楠木被盗采、盗挖的现象，偶见于盗窃罪。

黄杨（*Buxus sinica*）

黄杨科（Buxaceae）黄杨属（*Buxus*）

形态特征：灌木或小乔木。枝圆柱形，有纵棱，灰白色；小枝四棱形。叶革质，阔椭圆形、阔倒卵形、卵状椭圆形或长圆形，先端圆或钝，常有小凹口，叶面光亮，中脉凸出；叶背中脉平坦或稍凸出，中脉上常密被白色短线状钟乳体，全无侧脉；叶柄长 1～2mm，上面被毛。花序腋生，头状，花密集，花序轴长 3～4mm，被毛。蒴果近球形。

分布：产于陕西、甘肃、湖北、四川、贵州、广西、广东、江西、浙江、安徽、江苏、山东各省区，有部分属于栽培。多生于山谷、溪边、林下，海拔 1200～2600m。

应用价值：树姿优美，叶小如豆瓣，质厚而有光泽，可终年观赏，常用于盆景制作。园林中常作绿篱，修剪成球形或其他形状，点缀山石。木材是雕刻工艺的上等材料。

涉案类型：常见于非法盗采、盗挖案件，偶见于盗窃罪。

檵木（*Loropetalum chinense*）

金缕梅科（Hamamelidaceae）檵木属（*Loropetalum*）

形态特征：灌木，有时为小乔木。多分枝，小枝有星毛。叶革质，卵形，长2～5cm，不等侧；正面略有粗毛或秃净；背面被星毛，稍带灰白色；叶柄长2～5mm，有星毛；花3～8朵簇生，有短花梗，白色，比新叶先开放；花瓣4片，带状。蒴果卵圆形，被褐色星状茸毛。

分布：分布于我国中部、南部及西南各地；亦见于日本及印度。喜生于向阳的丘陵及山地，亦常出现在马尾松林及杉林下，是一种常见的灌木。

应用价值：本种植物可供药用。花朵繁茂，花色清新淡雅，可用于园林栽培观赏。野生檵木常用作红花檵木桩景的砧木。

涉案类型：非法盗采、盗挖现象严重，常见于盗窃罪。

牡丹（*Paeonia × suffruticosa*）

芍药科（Paeoniaceae）芍药属（*Paeonia*）

白色花　粉色花　玫瑰红色花　黄色花　双色花　应用

形态特征：落叶灌木。分枝短而粗。叶通常为二回三出复叶，偶尔近枝顶的叶为 3 小叶。叶柄长 5～11cm，和叶轴均无毛。花单生枝顶，直径 10～17cm；花瓣 5，或为重瓣，玫瑰色、红紫色、粉红色至白色，通常变异很大，倒卵形，顶端呈不规则的波状。蓇葖长圆形，密生黄褐色硬毛。

分布：全国栽培甚广，并早已引种国外。

应用价值：根皮供药用，称"丹皮"。花色泽艳丽，玉笑珠香，风流潇洒，富丽堂皇，素有"花中之王"的美誉，广泛作栽培。

涉案类型：偶见于盗窃罪、诈骗罪。

雀梅藤（*Sageretia thea*）

鼠李科（Rhamnaceae）雀梅藤属（*Sageretia*）

形态特征：藤状或直立灌木。小枝具刺，互生或近对生，褐色，被短柔毛。叶纸质，近对生或互生，通常椭圆形、矩圆形或卵状椭圆形，稀卵形或近圆形，边缘具细锯齿；叶柄长 2～7mm，被短柔毛。花无梗，黄色，有芳香，通常 2 至数个簇生排成顶生或腋生疏散穗状或圆锥状穗状花序。核果近圆球形，成熟时黑色或紫黑色，味酸。

分布：产于安徽、江苏、浙江、江西、福建、台湾、广东、广西、湖南、湖北、四川、云南。常生于海拔 2100m 以下的丘陵、山地林下或灌丛中。印度、越南、朝鲜、日本也有分布。

应用价值：叶可代茶，供药用；根可治咳嗽，降气化痰。果酸味可食。由于此植物枝密集具刺，在南方常栽培作绿篱。宜于中国南方各地的庭园假山、山坡岩石盆景中作绿化、美化栽培。

涉案类型：存在非法盗采、盗挖现象，偶见于盗窃罪。

朴树（*Celtis sinensis*）

大麻科（Cannabaceae）朴属（*Celtis*）

形态特征：落叶乔木，高达 20m。树皮平滑，灰色。叶互生，革质，宽卵形至狭卵形，长 3 ～ 10cm，先端急尖至渐尖，基部圆形或阔楔形，偏斜，中部以上边缘有浅锯齿，三出脉。花杂性（两性花和单性花同株），1 ～ 3 朵生于当年枝的叶腋；核果单生或 2 个并生。

分布：产于山东、河南及以南的各省区。多生于路旁、山坡、林缘。

应用价值：朴树可作行道树。茎皮为造纸和人造棉原料。果实榨油作润滑油。木材坚硬，可作工业用材。根、皮、叶入药。叶制土农药，可杀红蜘蛛。

涉案类型：常见于盗窃罪。

青檀（*Pteroceltis tatarinowii*）

大麻科（Cannabaceae）青檀属（*Pteroceltis*）

枝叶　树皮　翅果　应用　应用　生境

形态特征：树皮灰色或深灰色，不规则的长片状剥落。叶纸质，宽卵形至长卵形，长3～10cm，宽2～5cm，先端渐尖至尾状渐尖，基部不对称，边缘有不整齐的锯齿，基部3出脉；叶柄长5～15mm，被短柔毛。翅果状坚果近圆形或近四方形，果梗纤细。

分布：产于辽宁、河北、山西、陕西、甘肃、青海、山东、江苏、安徽、浙江、江西、福建、河南、湖北、湖南、广东、广西、四川和贵州。在村旁、公园有栽培。

应用价值：树皮纤维为制宣纸的主要原料。木材坚硬细致，可供作农具、车轴、家具和建筑用的上等木料。种子可榨油。树供观赏用，也可作石灰岩山地的造林树种。

涉案类型：存在非法盗采、盗挖现象，偶见于盗窃罪。

椤木石楠（*Photinia bodinieri*）

蔷薇科（Rosaceae）石楠属（Photinia）

应用

树干

花序

枝刺

梨果

形态特征：常绿乔木。幼枝黄红色，后成紫褐色，老时灰色，无毛，有时具刺。叶片革质，卵形、倒卵形或长圆形，长 4.5～9cm，宽 1.5～4cm，先端尾尖，基部楔形，边缘有刺状齿，侧脉约 10 对；叶柄长 1～1.5cm，无毛，上面有纵沟。复伞房花序顶生，直径约 5cm，总花梗和花梗有柔毛；花直径约 1cm；萼筒杯状，有柔毛；先端急尖或钝，外面有柔毛；花瓣白色，近圆形，直径约 4mm，先端微缺，无毛；花柱 2～3，合生。梨果蓝紫色。

分布：分布于陕西、江苏、安徽、浙江、江西、湖南、湖北、四川、云南、福建、广东、广西。生长于海拔 600～1000m 灌丛中。越南、缅甸、泰国也有分布。

应用价值：冬季叶片常绿并缀有蓝紫色果实，颇为美观，可作观赏植物。木材可作农具用材。

涉案类型：木材坚实，存在非法盗采、盗伐现象，偶见于盗窃罪。

梅（*Prunus mume*）

蔷薇科（Rosaceae）李属（Prunus）

核果

应用

花

花

花

应用

形态特征：小乔木，稀灌木。树皮浅灰色或带绿色，平滑。小枝绿色，光滑无毛。叶片卵形或椭圆形，长4～8cm，先端尾尖，基部宽楔形至圆形，叶边常具小锐锯齿；叶柄幼时具毛，老时脱落，常有腺体。花单生或有时2朵同生于1芽内，香味浓，先于叶开放；花梗短，长1～3mm，常无毛；花萼通常红褐色，但有些品种的花萼为绿色或绿紫色；萼筒宽钟形，无毛或有时被短柔毛；花瓣倒卵形，白色至粉红色。果实近球形，黄色或绿白色，被柔毛，味酸；果肉与核贴；核椭圆形，表面具蜂窝状孔穴。

分布：我国各地均有栽培，但以长江流域以南各地最多，江苏北部和河南南部也有少数栽培品种，某些品种已在华北引种成功。日本和朝鲜也有栽培。

应用价值：已有3000多年的栽培历史，无论作观赏或果树均有许多栽培品种。许多类型不但露地栽培供观赏，还可栽为盆花，制作梅桩。鲜花可提取香精。花、叶、根和种仁可入药。

涉案类型：作为观赏植物，制作梅桩价值较高，偶见于盗窃罪。

小果蔷薇（*Rosa cymosas*）

蔷薇科（Rosaceae）蔷薇属（*Rosa*）

形态特征：攀缘灌木，高达 5m。小枝无毛或稍有柔毛，有钩状皮刺。小叶 3 ～ 5，稀 7，连叶柄长 5 ～ 10cm；小叶卵状披针形或椭圆形，稀长圆状披针形，长 2.5 ～ 6cm，先端渐尖，基部近圆，有紧贴或尖锐细锯齿，两面无毛，背面色淡，沿中脉有稀疏长柔毛；小叶柄和叶轴无毛或有柔毛，有稀疏皮刺和腺毛，托叶膜质，离生，线形，早落。花多朵或复伞房花序，萼片卵形，先端渐尖，常羽状分裂，花瓣白色，倒卵形，先端凹；花柱离生，稍伸出萼筒口，与雄蕊近等长。蔷薇果球形，萼片脱落。

分布：产于江西、江苏、浙江、安徽、湖南、四川、云南、贵州、福建、广东、广西、台湾等地。多生于向阳山坡、路旁、溪边或丘陵地，海拔 250 ～ 1300m。

应用价值：药用及观赏，常作为树状月季的嫁接砧木。

涉案类型：野生资源被盗采、盗挖现象严重，常见于盗窃罪。

榔榆（*Ulmus parvifolia*）

榆科（Ulmaceae）榆属（*Ulmus*）

枝叶　花　翅果　应用　树干　应用　应用

　　形态特征：落叶乔木，高达 25m，胸径 1m。树皮灰或灰褐色，成不规则鳞状薄片剥落，内皮红褐色。1 年生枝密被短柔毛。冬芽无毛。叶披针状卵形或窄椭圆形，稀卵形或倒卵形，长（1.7 ～）2.5 ～ 5（～ 8）cm，基部楔形或一边圆，正面中脉凹陷处疏被柔毛，余无毛；背面幼时被柔毛，后无毛或沿脉疏被毛，或脉腋具簇生毛，单锯齿，侧脉 10 ～ 15 对；叶柄长 2 ～ 6mm。秋季开花，3 ～ 6 朵呈簇状聚伞花序。翅果椭圆形或卵状椭圆形。

　　分布：分布于河北、山东、江苏、安徽、浙江、福建、台湾、江西、广东、广西、湖南、湖北、贵州、四川、陕西、河南等地。生于平原、丘陵、山坡及谷地。日本、朝鲜也有分布。

　　应用价值：榔榆干略弯，树皮斑驳雅致，小枝婉垂，秋日叶色变红，是良好的观赏树及工厂绿化、四旁绿化树种。萌芽力强，为制作盆景的好材料。可作药用树种。

　　涉案类型：存在非法盗采、盗挖的现象，偶见于盗窃罪。

紫藤（*Wisteria sinensis*）

豆科（Lauraceae）紫藤属（*Wisteria*）

生境

花序

荚果

花枝

形态特征：落叶藤本。茎左旋，枝较粗壮，嫩枝被白色柔毛，后秃净。冬芽卵形。奇数羽状复叶长 15～25cm；托叶线形，早落；小叶 3～6 对，纸质，卵状椭圆形至卵状披针形；小叶柄长 3-4mm，被柔毛；小托叶刺毛状，长 4～5mm，宿存。总状花序发自去年年短枝的腋芽或顶芽，长 15～30cm，径 8～10cm，花序轴被白色柔毛；花冠紫色，旗瓣圆形，先端略凹陷，花开后反折，基部有 2 胼胝体，翼瓣长圆形，基部圆，龙骨瓣较翼瓣短，阔镰形。荚果倒披针形，密被茸毛。

分布：产于河北以南黄河长江流域及陕西、河南、广西、贵州、云南。

应用价值：我国自古即栽培作庭园棚架植物，紫穗满垂，作为观花植物，十分优美。

涉案类型：偶见于盗窃罪。

赤楠（*Syzygium buxifolium*）

桃金娘科（Myrtaceae）蒲桃属（*Syzygium*）

应用　枝叶　浆果　树干　浆果　应用

　　形态特征：灌木或小乔木。嫩枝有棱，干后黑褐色。叶片革质，阔椭圆形至椭圆形，有时阔倒卵形，长 1.5～3cm，宽 1～2cm，先端圆或钝，有时有钝尖头，基部阔楔形或钝，正面干后暗褐色，无光泽；背面稍浅色，有腺点，侧脉多而密，脉间相隔 1～1.5mm，斜行向上，离边缘 1～1.5mm 处结合成边脉，在正面不明显，在背面稍突起；叶柄长 2mm。聚伞花序顶生，长约 1cm，有花数朵；花瓣 4，分离，长 2mm。果实球形，直径 5～7mm。

　　分布：产于安徽、浙江、台湾、福建、江西、湖南、广东、广西、贵州等地。生于低山疏林或灌丛。分布于越南及琉球群岛。

　　应用价值：可配植于庭园、假山、草坪林缘观赏，亦可修剪造型为球形灌木，或作色叶绿篱片植，也常作盆景树种。其根可入药。

　　涉案类型：野生资源存在非法盗采、盗挖现象，常见于盗窃罪。

南紫薇（*Lagerstroemia subcostata*）

千屈菜科（Lythraceae）紫薇属（*Lagerstroemia*）

形态特征：落叶乔木或灌木，高可达14m。树皮薄，灰白色或茶褐色，无毛或稍被短硬毛。叶膜质，矩圆形，矩圆状披针形，稀卵形，长2～9(～11)cm，顶端渐尖，基部阔楔形，侧脉3～10对，顶端连结；叶柄短，长2～4mm。花小，白色或玫瑰色，直径约1cm，组成顶生圆锥花序；花瓣6，长2～6mm，皱缩，有爪。蒴果椭圆形。种子有翅。

分布：产于台湾、广东、广西、湖南、湖北、江西、福建、浙江、江苏、安徽、四川及青海等地。喜湿润肥沃的土壤，常生于林缘、溪边。

应用价值：材质坚密，可作家具、细工及建筑用材。花供药用，有去毒消瘀之效。常作紫薇嫁接砧木，用于桩景观赏。

涉案类型：存在非法盗采、盗挖现象，偶见于盗窃罪。

黄连木（*Pistacia chinensis*）

漆树科（Anacardiaceae）黄连木属（*Pistacia*）

复叶　花序　核果　树干　生境　应用

形态特征：落叶乔木，高20余米。树干扭曲．树皮暗褐色，呈鳞片状剥落。偶数羽状复叶互生，有小叶5～6对，叶轴具条纹，被微柔毛，叶柄上面平，被微柔毛；小叶对生或近对生，纸质，披针形或卵状披针形或线状披针形，长5～10cm，先端渐尖或长渐尖，基部偏斜，全缘，两面沿中脉和侧脉被卷曲微柔毛或近无毛，侧脉和细脉两面突起；小叶柄长1～2mm。花单性异株，先花后叶，圆锥花序腋生，雄花序排列紧密，雌花序排列疏松，均被微柔毛。核果倒卵状球形，略压扁，成熟时紫红色，干后具纵向细条纹，先端细尖。

分布：产于长江以南各省区及华北、西北。生于海拔140～3550m的石山林中。菲律宾亦有分布。

应用价值：木材鲜黄色，可提黄色染料。材质坚硬致密，可作家具和细工用材。种子榨油可作润滑油或制皂。幼叶可充蔬菜，并可代茶。植株具有观赏价值。

涉案类型：存在非法盗采、盗挖现象，偶见于盗窃罪。

鸡爪槭（*Acer palmatum*）

无患子科（Sapindaceae）槭属（*Acer*）

枝叶　花序　红枫　流泉枫　秋叶　应用

形态特征：落叶小乔木。当年生枝紫色或淡紫绿色；多年生枝淡灰紫色或深紫色。叶纸质，外貌圆形，直径 7 ～ 10cm，基部心脏形或近于心脏形稀截形，5 ～ 9 掌状分裂，通常 7 裂，裂片长圆卵形或披针形，先端锐尖或长锐尖，边缘具紧贴的尖锐锯齿；背面淡绿色，在叶脉的脉腋被有白色丛毛；主脉在正面微显著，在背面突起；叶柄长 4 ～ 6cm，细瘦，无毛。花紫色，杂性，雄花与两性花同株，生于无毛的伞房花序，总花梗长 2 ～ 3cm。翅果嫩时紫红色，成熟时淡棕黄色；翅果张开成钝角。

分布：产于山东、河南南部、江苏、浙江、安徽、江西、湖北、湖南、贵州等地。生于海拔 200-1200m 的林边或疏林中。朝鲜和日本也有分布。

应用价值：其叶形美观，入秋后转为鲜红色，色艳如花，灿烂如霞，为优良的观叶树种。

涉案类型：因其观赏价值较高，偶见于盗窃罪。

羽毛槭（*Acer palmatum var. dissectum*）

无患子科（Sapindaceae）槭属（*Acer*）

绿羽毛枫

新叶

花序

叶裂

翅果

红羽毛枫

　　形态特征：鸡爪槭的栽培变种，为落叶灌木，高一般不超过**4m**。小枝光滑，细长，紫色或灰紫色。单叶对生，掌状 7 裂，基部近楔形或近心脏形，裂片披针形，先端锐尖，尾状，边缘具锯齿，嫩叶两面密生柔毛，后叶表面光滑。花紫色，伞形状伞房花序。

　　分布：我国长江流域一带园林中广为栽植。

　　应用价值：姿态潇洒，婆娑宜人，非常适于小型庭园的造景，多孤植、丛植或盆栽。

　　涉案类型：观赏价值极高，偶见于盗窃罪。

瓶兰花（*Diospyros armata*）

柿科（Ebenaceae）柿属（*Diospyros*）

形态特征：半常绿或常绿乔木，高5～13m，直径15～50cm。树冠近球形，枝多而开展，嫩枝有茸毛，枝端有时成棘刺。冬芽很小，先端钝，有毛。叶薄革质或革质，椭圆形或倒卵形至长圆形，长1.5～6cm，先端钝或圆，基部楔形，叶片有微小的透明斑点，正面黑绿色，有光泽；背面有微小柔毛；叶柄长约3mm。雄花集成小伞房花序；花乳白色，花冠瓮形，芳香，长4～5mm，有茸毛。果近球形，直径约2cm，黄色，有伏粗毛，果柄长1～1.2cm；宿存萼裂片4，裂片卵形，长约1.2cm。

分布：产于湖北宜昌、南沱一带，较少见，上海、杭州有栽培，供观赏。

应用价值：在4月开淡黄色花，花形似瓶，香气若兰，故名"瓶兰花"，又名金弹子。瓶兰花茎干苍古奇特，根柯屈扭，皮色如铁，枝条弯拐虬曲，为制作树桩盆景的材料。

涉案类型：存在非法盗采、盗挖现象，常见于盗窃罪。

老鸦柿（*Diospyros rhombifolia*）

柿科（Ebenaceae）柿属（*Diospyros*）

形态特征：落叶小乔木，高达 8m。多枝，有刺。叶菱状倒卵形，长 4 ～ 8.8cm，正面沿脉有黄褐色毛，后无毛；背面疏被伏柔毛，脉上较多，侧脉 5 ～ 6 对，中、侧脉在正面凹陷；叶柄长 2 ～ 4mm，被微柔毛；雄花序生当年生枝下部；花梗长约 7mm；花萼 4 深裂，裂片三角形，长约 3mm，被柔毛；长约 4mm，疏被柔毛，5 裂。雌花散生当年生枝下部，花梗长约 1.8cm，被柔毛；花萼 4 深裂，裂片披针形，长约 1cm，被柔毛；花冠壶形。果单生，球形，径约 2cm，嫩时有柔毛，熟时橘红色，有光泽，无毛，顶端有小突尖，种子 2 ～ 4 枚；宿存裂片革质，长圆状披针形。

分布：产于浙江、江苏、安徽、江西、福建等地，生于山坡灌丛或山谷沟畔林中。

应用价值：本种的果可提取柿漆，供涂漆鱼网、雨具等用。果实观赏价值较高，为盆景制作优良材料。实生苗可作柿树的砧木。

涉案类型：存在非法盗采、盗挖现象，常见于盗窃罪。

小果柿（*Diospyros vaccinioides*）

柿科（Ebenaceae）柿属（*Diospyros*）

形态特征：多枝常绿矮灌木。枝深褐色或黑褐色，嫩时纤细。嫩枝、嫩叶和冬芽有锈色柔毛。叶革质或薄革质，通常卵形，长 2～3cm，较小的叶有时近圆形，先端急尖，有短针尖，基部钝或近圆形，叶边初时有睫毛，正面光亮，绿色，无毛；背面浅绿色，正面中脉初时有短柔毛，中脉在两面突起，侧脉和小脉极不明显；叶柄很短，长约 1mm，有锈色毛，后变无毛。花雌雄异株，细小，腋生，单生，近无梗；雄花长约 5mm，花萼深 4 裂，几裂至基部；雌花花冠钟形，4 裂。果小，球形，直径约 1cm，嫩时绿色，熟时黑色，除顶端外，平滑无毛，有种子 1～3 枚；宿存萼 4 深裂，裂片披针形。

分布：产于广东省珠江口岛屿。生于灌丛或山谷灌丛中。

应用价值：小果柿主要是观赏价值较高，适合庭园栽植，修剪成绿篱、整形树，或栽培成高级盆景；也适合在公园、校园、庭园、游乐区等单植、列植、群植，以美化环境。

涉案类型：小果柿又称黑骨香、黑檀、小叶紫檀等，偶见于盗窃罪、诈骗罪。

迷人杜鹃（*Rhododendron agastum*）

杜鹃花科（Ericaceae）杜鹃花属（*Rhododendron*）

形态特征：常绿灌木，高 2～3m。枝条粗壮，幼枝嫩绿色，被稀疏丛卷毛及少数腺体；老枝淡棕色，光滑无毛，有明显的痕。叶多密生于枝顶，常 6～9 枚，革质，椭圆形至椭圆状披针形，长 7～12cm，先端钝圆或微有短尖头，基部宽楔形或近于圆形，正面绿色，平滑无毛；背面淡黄绿色，有薄层毛被，中脉在正面下陷成浅沟纹，在背面显著隆起，侧脉 12～13 对，在正面不明显，在背面微隆起，细脉亦微现，交织成网状；叶柄圆柱状，长 1～2cm，被稀疏短茸毛及腺体。总状伞形花序，有花 4～10 朵，花序总轴长 1.5～3cm，有少许腺体及疏柔毛；花梗粗壮，长 1～1.5cm，被腺体；花冠钟状漏斗形，长 3.5～5.5cm，口径 3～5cm，粉红色，具紫红色斑点，5 裂。蒴果长约 3cm，直径约 1cm，微弯曲。

分布：产于云南西部及北部、贵州东部。生于海拔 1900～2500m 的山坡常绿阔叶林中。

应用价值：观赏价值较高，是盆景良好材料。

涉案类型：因其较高的观赏价值，存在非法盗采、盗挖野生资源现象，偶见于盗窃罪。

刺毛杜鹃（*Rhododendron championiae*）

杜鹃花科（Ericaceae）杜鹃花属（*Rhododendron*）

花

花

生境

枝叶

叶背面

应用

　　形态特征：常绿灌木，高达 5m。幼枝被开展的腺头刚毛和短柔毛。叶厚纸质，椭圆状披针形，长 7～15cm，先端短渐尖或锐尖，基部楔形，正面被短刚毛，边缘的毛较多而长；背面苍白色，被刚毛和短柔毛，脉上较密；叶柄长 1.2～1.7cm，被刚毛和短柔毛。花芽圆锥形，芽鳞外面及边缘被短柔毛；伞形花序生枝顶叶腋，常有 2～7 花；花梗长 2cm，密被腺头刚毛和短硬毛；花萼长 1.3cm，5 深裂，密被睫毛；花冠窄漏斗状，长 5～6cm，白或淡红色，5 深裂，无毛；雄蕊 10。蒴果长 4～5.5cm，与果柄均密被腺头刚毛和短柔毛，有宿存花柱。

　　分布：产于中国浙江、江西、福建、湖南、广东和广西。生于海拔 500～1300m 的山谷疏林内。

　　应用价值：具有较高的园艺价值，可栽培供观赏。

　　涉案类型：因其较高的观赏价值，存在非法盗采、盗挖野生资源现象，偶见于盗窃罪。

马缨杜鹃（*Rhododendron delavayi*）

杜鹃花科（Ericaceae）杜鹃花属（*Rhododendron*）

应用　枝叶　花　花枝　叶背面

　　形态特征：常绿灌木或小乔木。树皮淡灰褐色，薄片状剥落。幼枝粗壮，被白色茸毛，后变为无毛。叶革质，长圆状披针形，长 7～15cm，先端钝尖或急尖，基部楔形，边缘反卷，正面深绿至淡绿色，成长后无毛；背面有白色至灰色或淡褐色海绵状毛被；叶柄圆柱形，长 0.7～2cm，后变为无毛。顶生伞形花序，圆形，紧密，有花 10～20 朵；总轴长约 1cm，密被红棕色茸毛；花梗长 0.8～1cm，密被淡褐色茸毛；长 3～5cm，直径 3～4cm，肉质，深红色，内面基部有 5 枚黑红色蜜腺囊，裂片 5。蒴果长圆柱形，黑褐色，有肋纹及毛被残迹。

　　分布：产于广西西北部、四川西南部及贵州西部、云南全省和西藏南部。生于海拔 1200～3200m 的常绿阔叶林或灌木丛中。越南北部、泰国、缅甸和印度东北部也有分布。

　　应用价值：该物种因花朵美丽，颜色鲜艳，多人工栽培，具有较高的园艺价值。

　　涉案类型：因其较高的观赏价值，存在非法盗采、盗挖野生资源现象，偶见于盗窃罪。

满山红（*Rhododendron farrerae*）

杜鹃花科（Ericaceae）杜鹃花属（*Rhododendron*）

形态特征：落叶灌木，高 1 ～ 4m。枝轮生，幼时被淡黄棕色柔毛，成长时无毛。叶厚纸质或近于革质，常 2 ～ 3 片集生枝顶，椭圆形、卵状披针形或三角状卵形，长 4 ～ 7.5cm，宽 2 ～ 4cm，先端锐尖，具短尖头，幼时两面均被淡黄棕色长柔毛，后无毛或近于无毛；叶柄长 5 ～ 7mm，近于无毛。花通常 2 朵顶生，先花后叶，出自同一顶生花芽；花梗直立，常为芽鳞所包，密被黄褐色柔毛；花冠漏斗形，淡紫红色或紫红色，长 3 ～ 3.5cm，裂片 5，深裂，长圆形，先端钝圆，上方裂片具紫红色斑点，两面无毛；雄蕊 8 ～ 10 枚，不等长。蒴果椭圆状卵球形，密被亮棕褐色长柔毛。

分布：产于河北、陕西、江苏、安徽、浙江、江西、福建、台湾、河南、湖北、湖南、广东、广西、四川和贵州。生于海拔 600 ～ 1500m 的山地稀疏灌丛中。

应用价值：枝繁叶茂，绮丽多姿，萌发力强，耐修剪，根桩奇特，是优良的盆景材料。园林中最宜在林缘、溪边、池畔及岩石旁成丛成片栽植，也可于疏林下散植，是花篱的良好材料。

涉案类型：因其较高的观赏价值，存在非法盗采、盗挖野生资源现象，常见于盗窃罪。

羊踯躅（*Rhododendron molle*）

杜鹃花科（Ericaceae）杜鹃花属（*Rhododendron*）

花枝　花蕾　枝叶　花　应用

形态特征：落叶灌木，高 0.5～2m。分枝稀疏，枝条直立，幼时密被灰白色柔毛及疏刚毛。叶纸质，长圆形至长圆状披针形，长 5～11cm，宽 1.5～3.5cm，先端钝，具短尖头，基部楔形，边缘具睫毛，幼时上面被微柔毛，背面密被灰白色柔毛，沿中脉被黄褐色刚毛，中脉和侧脉凸出；叶柄长 2～6mm，被柔毛和少数刚毛；总状伞形花序顶生，花多达 13 朵，先花后叶或与叶同时开放；花梗长 1～2.5cm，被微柔毛及疏刚毛；花冠阔漏斗形，长 4.5cm，黄色或金黄色，内有深红色斑点，外面被微柔毛，裂片 5；雄蕊 5，不等长。蒴果圆锥状长圆形，长 2.5～3.5cm，具 5 条纵肋，被微柔毛和疏刚毛。

分布：产于江苏、安徽、浙江、江西、福建、河南、湖北、湖南、广东、广西、四川、贵州和云南。生于海拔 1000m 的山坡草地丘陵地带的灌丛或山脊杂木林下。

应用价值：本种为著名的有毒植物之一，《神农本草》《植物名实图考》把它列入毒草类，可药用，民间通常称"闹羊花"。全株还可作农药。观赏价值较高，是盆景良好材料。

涉案类型：因其较高的观赏价值，存在非法盗采、盗挖野生资源现象，常见于盗窃罪。

马银花（*Rhododendron ovatum*）

杜鹃花科（Ericaceae）杜鹃花属（*Rhododendron*）

形态特征：常绿灌木，高 2～4（～6）m。小枝灰褐色，疏被具柄腺体和短柔毛。叶革质，卵形或椭圆状卵形，长 3.5～5cm，宽 1.9～2.5cm，先端急尖或钝，具短尖头，无毛；叶柄长 8cm，具狭翅，被短柔毛。花芽圆锥状，具鳞片数枚，外面的鳞片三角形，内面的鳞片长圆状倒卵形，长 1cm，宽 0.8cm，先端钝或圆形，边缘反卷，具细睫毛，外面被短柔毛。花单生枝顶叶腋；花冠淡紫色、紫色或粉红色，辐状，5 深裂，裂片长圆状倒卵形或阔倒卵形，长 1.6～2.3cm，内面具粉红色斑点，外面无毛，筒部内面被短柔毛；雄蕊 5，不等长。蒴果阔卵球形，密被灰褐色短柔毛和疏腺体，且为增大而宿存的花萼所包围。

分布：产于江苏、安徽、浙江、江西、福建、台湾、湖北、湖南、广东、广西、四川和贵州。生于海拔 1000m 以下的灌丛中。

应用价值：本种在广西作药用，且观赏价值较高，是盆景良好材料。

涉案类型：因其较高的观赏价值，存在非法盗采、盗挖野生资源现象，常见于盗窃罪。

杜鹃花（*Rhododendron simsii*）

杜鹃花科（Ericaceae）杜鹃花属（*Rhododendron*）

应用

形态特征：落叶灌木，高2（～5）m。分枝多而纤细，密被亮棕褐色扁平糙伏毛。叶革质，常集生枝端，卵形、椭圆状卵形或倒卵形至倒披针形，长1.5～5cm，先端短渐尖，基部楔形或宽楔形，边缘微反卷，具细齿；叶柄长2～6mm，密被亮棕褐色扁平糙伏毛。花2～3（～6）朵簇生枝顶；花萼5深裂，裂片三角状长卵形，长5mm，被糙伏毛，边缘具睫毛；花冠阔漏斗形，玫瑰色、鲜红色或暗红色，裂片5，倒卵形，长2.5～3cm，上部裂片具深红色斑点；雄蕊10，长约与花冠相等。蒴果卵球形，长达1cm，密被糙伏毛；花萼宿存。

分布：产于江苏、安徽、浙江、江西、福建、台湾、湖北、湖南、广东、广西、四川、贵州和云南。生于海拔500～1200（～2500）m的山地疏灌丛或松林下，为我国中南及西南典型的酸性土指示植物。

应用价值：全株供药用。又因花冠鲜红色，具有较高的观赏价值，目前在国内外各公园中均有栽培。

涉案类型：因其较高的观赏价值，存在非法盗采、盗挖野生资源现象，常见于盗窃罪。

花

应用

枝叶

花

生境

应用

木樨榄（*Olea europaea*）

木樨科（Oleaceae）木樨榄属（*Olea*）

应用 叶背面 枝叶 核果 应用 树干

形态特征：常绿。枝灰色或灰褐色，近圆柱形，散生圆形皮孔，小枝具棱角，密被银灰色鳞片，节处稍压扁。叶片革质，披针形，有时为长圆状椭圆形或卵形，长 1.5～6cm，先端锐尖至渐尖，具小凸尖，基部渐窄或楔形，全缘，叶缘反卷，正面深绿色，稍被银灰色鳞片；背面浅绿色，密被银灰色鳞片，两面无毛；叶柄长 2～5mm，密被银灰色鳞片，两侧下延于茎上成狭棱，上面具浅沟。圆锥花序腋生或顶生，长 2～4cm，较叶为短；花芳香，白色，两性。果椭圆形，长 1.6～2.5cm，径 1～2cm，成熟时呈蓝黑色。

分布：原产于小亚细亚，后广栽于地中海地区，现全球亚热带地区都有栽培。我国长江流域以南地区亦栽培。

应用价值：果可榨油，供食用，也可制蜜饯。枝叶灰绿色，四季常青，常作观赏桩景栽培。

涉案类型：偶见于走私国家禁止进出口的货物、物品罪。

湖北梣（*Fraxinus hubeiensis*）

木樨科（Oleaceae）梣属（*Fraxinus*）

植株

复叶

翅果

应用

应用

涉案植株

形态特征：落叶大乔木，高达 19m，胸径达 1.5m；树皮深灰色，老时纵裂。营养枝常呈棘刺状。羽状复叶长 7～15cm；叶轴具狭翅，小叶着生处有关节，至少在节上被短柔毛；小叶 7～9（～11）枚，革质，披针形至卵状披针形，长 1.7～5cm，宽 0.6～1.8cm，先端渐尖，基部楔形，叶缘具锐锯齿，正面无毛，背面沿中脉基部被短柔毛，侧脉 6～7 对；小叶柄长 3～4mm，被细柔毛。花杂性，密集簇生于去年生枝上，呈甚短的聚伞圆锥花序，长约 1.5cm。翅果匙形，长 4～5cm。

分布：产于湖北。生于海拔 600m 以下的低山丘陵地。我国特有种。

应用价值：本种树干挺直，材质优良，是很好的材用树种。树姿清雅、树形优美、小叶秀丽、观赏价值高；是优美的园林绿化树种，还是极佳的盆景、根雕材料，被誉为"活化石"或"盆景之王"。

涉案类型：偶见于盗窃罪。

流苏树（*Chionanthus retusus*）

木樨科（Oleaceae）流苏树属（*Chionanthus*）

花枝

形态特征：落叶灌木或乔木，高可达 20m。幼枝淡黄色或褐色，疏被或密被短柔毛。叶片革质或薄革质，长圆形、椭圆形或圆形，有时卵形或倒卵形至倒卵状披针形，长 3～12cm，先端圆钝，有时凹入或锐尖，基部圆或宽楔形至楔形，稀浅心形，全缘或有小锯齿，叶缘稍反卷，幼时正面沿脉被长柔毛，背面密被或疏被长柔毛，叶缘具睫毛；老时正面沿脉被柔毛，背面沿脉密被长柔毛，稀被疏柔毛，其余部分疏被长柔毛或近无毛，侧脉 3～5 对；叶柄长 0.5～2cm，密被黄色卷曲柔毛。聚伞状圆锥花序，长 3～12cm，顶生于枝端，近无毛；花冠白色，4 深裂，裂片线状倒披针形，长（1～）1.5～2.5cm，宽 0.5～3.5mm，花冠管短，长 1.5～4mm。果椭圆形，被白粉，长 1-1.5cm，呈蓝黑色或黑色。

分布：产于甘肃、陕西、山西、河北、河南以南至云南、四川、广东、福建、台湾。生于海拔 3000m 以下的稀疏混交林中、灌丛中、山坡、河边。各地有栽培。朝鲜、日本也有分布。

应用价值：花、嫩叶晒干可代茶，味香。果可榨芳香油。木材可制器具。常观赏栽培。

涉案类型：作为观赏栽培植物，在其原产地，早期非法盗采、盗挖现象严重，偶见于盗窃罪。

应用

花枝

花

枝条

叶背面

植株

小叶女贞（*Ligustrum quihoui*）

木樨科（Oleaceae）女贞属（*Ligustrum*）

植株

核果

涉案检材

花序

枝叶

形态特征： 落叶灌木，高 1～3m。小枝淡棕色，圆柱形，密被微柔毛，后脱落。叶片薄革质，形状和大小变异较大，披针形、长圆状椭圆形、椭圆形、倒卵状长圆形至倒披针形或倒卵形，长 1～4（～5.5）cm，先端锐尖、钝或微凹；叶柄长 0～5mm，无毛或被微柔毛。圆锥花序顶生，近圆柱形，长 4～15（～22）cm，宽 2～4cm。果倒卵形、宽椭圆形或近球形，呈紫黑色。

分布： 产于陕西南部、山东、江苏、安徽、浙江、江西、河南、湖北、四川、贵州西北部、云南、西藏察隅。生于沟边、路旁、山坡、河边灌丛中，海拔 100～2500m。

应用价值： 叶、树皮入药。分枝密集，耐修剪，常用于绿化及盆景制作。

涉案类型： 偶见于盗窃罪。

川滇雪兔子（*Saussurea georgei*）

菊科（Asteraceae）风毛菊属（*Saussurea*）

　　形态特征：多年生多次结实莲座状草本。根状茎长，有黑色残存的叶柄。叶反折，有叶柄，柄长 5mm；叶片椭圆形，长 2.5cm，宽 8mm，顶端渐尖，基部楔形渐狭，边缘有尖齿，干时两面黑褐色，正面被稀疏的绵毛，背面被稠密的浅褐色长绵毛。头状花序多数在莲座状叶丛中排成半球形的总花序。总苞狭钟状，直径 7～8mm；总苞片 3～4 层，外层长卵状椭圆形，长 8mm，宽 3mm，顶端渐尖，上部外面被稀疏的长绵毛，中内层椭圆形或长椭圆形，长 1.3～1.5cm，宽 3～4mm，顶端急尖，外面无毛，边缘白色透明膜质；全部苞片上部紫黑色。小花紫红色，长 1cm，细管部长 5mm，檐部长 5mm。瘦果长圆柱状，长 3mm，褐色。冠毛 1 层，长，羽毛状，长 1.2cm。

　　分布：产于云南西北部。

　　应用价值：全草可入药。

　　涉案类型：存在非法盗采、盗挖现象，常见于盗窃罪。

羽裂雪兔子（*Saussurea leucoma*）

菊科（Asteraceae）风毛菊属（Saussurea）

植株

形态特征： 多年生多次结实草本。根粗，垂直直伸，深褐色。茎直立，高 14 ～ 18cm，被浅褐色或污白色的稠密长绵毛，基部被黑褐色残存的叶柄，上部膨大。中下部茎叶有宽扁的叶柄，柄长 0.5 ～ 2cm，被稠密的白色绵毛，叶片长椭圆形，长 3 ～ 4cm，羽状半裂或深裂，侧裂片 5 ～ 7 对，长椭圆形或椭圆形，向两侧的侧裂片渐小；边缘全缘；上部茎叶反折，线形，无柄，长 3cm，宽 1.8mm，顶端钝，边缘全缘；全部两面不明显异色，正面干时褐绿色，被稀疏的蛛丝毛或无毛；背面淡灰白色，被薄蛛丝状绵毛。头状花序多数，在茎顶密集成圆锥状或球形的总花序，总花序为白色或淡褐色的长绵毛所覆盖。总苞长圆状，直径 1cm；总苞片 3 ～ 4 层，外层披针形，长 1cm，宽 5mm，顶端急尖，外面被稠密褐色的长绵毛，中内层椭圆形，长 9 ～ 10mm，宽 3mm，顶端急尖，外面被绵毛，边缘透明膜质。小花紫黑色，长 1cm，细管部与檐部等长。瘦果倒圆锥状，紫黑色，长 4mm。

分布： 产于四川、云南、西藏。生于高山草坡、高山多石地及高山流石滩，海拔 3200 ～ 4700m。

应用价值： 全草可入药。

涉案类型： 存在非法盗采、盗挖现象，常见于盗窃罪。